本书由国家自然科学基金项目"异质性视角下西部家庭消费间接碳排放的时空演变与驱动机制研究"（72264035）、云南省兴滇英才青年人才专项项目"数字经济对云南家庭消费碳排放的影响效应及减排机制研究"、西南林业大学经济管理学院农林经济管理一级学科博士点建设项目、云南省研究生优质课程建设项目"农村发展规划"、云南省专业学位研究生案例库建设项目"面向农业专硕《生态经济与绿色发展》教学案例库"资助。

西部地区农业碳排放发展研究

——时序特征、空间关联、影响因素及减排策略

付 伟 罗明灿 等 著

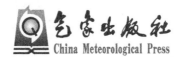

气象出版社
China Meteorological Press

内 容 提 要

本书首先对西部地区农业碳排放进行测算，再使用社会网络分析法、Dagum 基尼系数和核密度分析法对西部地区农业碳排放的空间关联网络特征、地区差异以及动态演进进行分析，最后运用 LMDI 模型对影响西部地区农业碳排放的要素进行分析。本书同时运用农业生态学理论、农业可持续发展理论、低碳经济理论等作为理论支撑，采用面板数据对西部地区农业碳排放进行比较，旨在对西部地区的低碳农业碳排放情况开展较为系统的综合测评研究，进而对西部地区农业碳减排提出对策和建议。

本书包括一般性理论知识，也涉及相关实证模型分析，可供农业经济、低碳经济、生态经济、绿色发展等方向的科研、管理人员，以及高等农林经济管理专业的本科与研究生学习参考。

图书在版编目（ＣＩＰ）数据

西部地区农业碳排放发展研究 ：时序特征、空间关联、影响因素及减排策略 / 付伟等著. -- 北京 ： 气象出版社，2023.12
ISBN 978-7-5029-8112-9

Ⅰ．①西… Ⅱ．①付… Ⅲ．①农业－二氧化碳－减量－排气－研究－西南地区②农业－二氧化碳－减量－排气－研究－西北地区 Ⅳ．①S210.4②X511

中国国家版本馆CIP数据核字(2023)第237326号

西部地区农业碳排放发展研究

——时序特征、空间关联、影响因素及减排策略

Xibu Diqu Nongye Tanpaifang Fazhan Yanjiu

——Shixu Tezheng、Kongjian Guanlian、Yingxiang Yinsu ji Jianpai Celüe

出版发行：气象出版社			
地　　址：北京市海淀区中关村南大街 46 号		邮政编码：100081	
电　　话：010－68407112（总编室）　010－68408042（发行部）			
网　　址：http：//www.qxcbs.com		E-mail：qxcbs@cma.gov.cn	
责任编辑：蔺学东　毛红丹		终　　审：张　斌	
责任校对：张硕杰		责任技编：赵相宁	
封面设计：楠竹文化			
印　　刷：北京中石油彩色印刷有限责任公司			
开　　本：787mm×1092mm 1/16		印　　张：7.5	
字　　数：203 千字			
版　　次：2023 年 12 月第 1 版		印　　次：2023 年 12 月第 1 次印刷	
定　　价：60.00 元			

本书如存在文字不清、漏印以及缺页、倒页、脱页等，请与本社发行部联系调换。

《西部地区农业碳排放发展研究
——时序特征、空间关联、影响因素及减排策略》
撰写人员名单

付　伟　罗明灿　胡乐祥　徐媛媛　李　倩

前　言

随着世界经济飞速发展和能源的大量消耗，全球气候正经历以变暖为特征的重大变化。温室气体排放，特别是二氧化碳（CO_2）排放，被认为是全球变暖的主要原因。我国是世界上重要的农业国家之一，其种植业和畜牧业在世界范围内占了相当大的比例，农业碳排放占比较重。农业低碳发展是中国式农业现代化的重要发展方向，关系到国家粮食安全、生态环境保护和低碳发展进程。

2016 年《"十三五"控制温室气体排放工作方案》中提出，争取在 2030 年前使 CO_2 排放量达到峰值；在农业领域加快低碳农业试点示范、加快低碳技术的研发与示范，为发展低碳农业提供了方向。2017 年党的十九大报告中提出，我国农业发展要全面节约资源、循环利用资源，降低能耗、降低物耗。2019 年在世界气候变化大会上，世界共同设定目标，将升温限制在 2.0 ℃。2022 年我国政府工作报告中再次强调改善生态环境，推动绿色低碳发展，表明政府对环境、气候变化问题的高度重视，发展低碳农业刻不容缓。2023 年中央一号文件指出推动农业绿色发展，建立健全秸秆、农膜、农药包装废弃物、畜禽粪污等农业废弃物收集利用处理体系。党的二十大报告中也提出要积极推进绿色低碳发展。

我国西部是长江和黄河的发祥地，因其独特的生态优势和独特的区位优势，被誉为"中国的生态安全屏障"。但是西部地区面临着生态环境较为脆弱、经济相对落后、现代化农业发展较弱等瓶颈问题，传统型的农业发展方式致使西部地区的生态环境承载力与可持续发展之间的矛盾凸显。鉴于此，西部地区农业碳排放研究不仅具有重要的学术价值，而且具有广泛的实际意义。

本书主要分为五大部分，第一部分为理论基础，第二部分为时序特征，第三部分为空间关联，第四部分为影响因素，第五部分为减排策略。

理论基础

该部分主要为本书的第 1、2、3 章。基于西部地区农业碳排放研究，整合了经济学、管理学、生态学等不同学科的理论，进一步丰富了农业绿色发展理论体系，从理论层面丰富了"低碳农业""低碳经济""农业可持续发展"的内涵及外延研究，细化了农业绿色发展模式的探索。因此，研究农业生产活动过程中产生的碳排放至关重要，对西部地区实现低碳农业具有重大意义。

时序特征

该部分主要为本书的第 4、5 章。从西部地区的范围、西部地区的异质性和各地区农业发展现状进行分析，主要围绕农村人口、城镇人口、第一产业从业人员、第一产业总体产值及农业、林业、畜牧业和渔业的具体产值，基于西部地区低碳农业发展现状，综合前人的研究，探寻农业碳源因子，从农业生产投入、作物种植及牲畜养殖三大类选取农业碳源因子。首先，测算西部地区及各省域的农业碳排放量，覆盖2012—2021年数据，并通过计算碳排放增长率，对西部地区农业碳排放的时间演变规律特征进行分析。

空间关联

该部分主要为本书的第6、7章。首先，运用修正的引力模型对西部地区12个省份农业碳排放的空间关联引力强度进行测度。其次，运用社会网络分析法对12个省份农业碳排放空间关联网络结构特征进行分析：一是空间关联网络整体结构特征，该特征主要利用网络关系数、密度、关联度、等级度、效率5个指标进行分析；二是空间关联网络个体结构特征，该特征主要利用点度中心度、接近中心度和中介中心度3个指标进行分析。最后，测算出西部地区农业碳排放的基础上运用Dagum基尼系数对西部地区中的西南及西北两大地区差异进行实证分析，运用核密度估计方法对西部地区（包括西南地区与西北地区）农业碳排放以及作物种植、牲畜养殖和农业物资投入碳排放的分布动态演进等进行实证分析。

影响因素

该部分主要为本书的第8章。将西部地区农业碳排放影响因素分解为农业生产效率因素、农业产业结构因素、经济发展水平因素和人口规模因素，运用迪氏对数指标分解法（Logarithmic Mean Divisia Index，LMDI）来判断这些影响因素对西部地区的农业碳排放是起抑制作用还是促进作用。以此为下一部分减排策略的提出做基础。

减排策略

该部分主要为本书的第9、10章。针对上述实证结果，借鉴国外的先进经验，针对如何降低西部地区农业碳排放提出相关政策意见，可以为其他地区推进低碳农业发展和实现生态文明建设提供借鉴，有利于促进西部地区农业生产方式转变，加快农业转型升级，推进农业适度规模集聚经营，有针对性地为建立西部特色的农业碳减排机制提供参考意义。

本书得以顺利出版，由衷感谢西南林业大学领导及有关部门的支持，感谢气象出版社给予的宝贵机会。

本书借鉴了国内外相关文献，在此谨对这些文献的作者表达诚挚的感谢！农业碳排放研究是一个复杂的系统工程，书中难免有疏漏和不妥之处，恳请各位同行和读者批评指正。

著　者

2023 年 10 月

目　录

绪　论

农业既是温室气体排放源，也是最易遭受气候变化影响的产业。本章将阐述产生碳排放及农业碳排放的背景，提出本书的核心问题并梳理世界各国为应对气候变暖所制定的一系列公约、政策等，其中对中国积极响应出台相应对策进行介绍，进一步说明本书的研究目标、内容及拟采取的办法。

1.1　研究背景

自工业化时代以来，人类活动已经引起全球温室气体排放量的增加（孙翀 等，2017）。《中国气候变化蓝皮书（2021 年）》提到，全球变暖趋势仍在继续，碳排放是全球变暖的主要原因（Rong et al.，2022；Zhang et al.，2022）。19 世纪末，地球表面的平均气温上升了1.1 ℃左右。在这一大背景下，由于全球暖化所导致的冰川融化、土地退化、粮食安全等一系列问题成为世界范围内的关注焦点。中国生态学家运用情景模拟法发现，全球气温如变化2~3 ℃，青藏高原地区将成为受影响最大的地区之一。地表温度升高将会导致温室气体的释放增多，直接影响到自然界中各种元素的分解和循环，逐渐形成恶性循环。因此，节约能源、减少排放、发展低碳、促进经济增长与自然和谐发展是全球气候变化的一项重大措施。

为有效遏制温室效应，世界各地纷纷采取相应的措施，以减缓温室效应。具体来看，英国在 2003 年就发布了《能源白皮书》，首次提出低碳经济，并认为低碳经济作为一种新型的经济发展模式，在发展过程中首要任务就是降低能耗、污染和排放（康玉泉 等，2011）。2007 年德国在积极应对碳排放问题时，推出了具有代表性的气候变化立法，即能源和气候变化综合计划，自此以后德国形成了碳排放法律体系，主要涵盖能源行业、生物质和可再生能源。日本和美国通过计算碳排放及设定碳排放监测方法和标准，对碳排放进行管理（刘金丹，2022）。欧盟和加拿大则通过实行碳税政策来实现有效的减排。国际组织尝试建立相关的公约和协议推进各国主动承担减排责任，20 世纪 90 年代以来推出一系列有关抑制全球气候变暖的政策协定，如 1992 年联合国大会通过了《联合国气候变化框架公约》、1997 年签订了《京都议定书》、2007 年制定了《巴厘岛行动计划》、2016 年签署了《巴黎协定》等。

中国是全球气候变化敏感区，也是全球气候变化脆弱区，易受全球变暖的影响（邸明东，2010）。近百年来，中国气候的变化趋势与世界气候变化趋势基本一致，地表温度升高 0.4～0.5 ℃，特别是 20 世纪 90 年代成为近百年来最温暖的时期之一。过去 40 年中国工业 GDP 保持了高速增长，然而以"高投入、高消耗、高排放"为特征的粗放型工业发展模式，却给中国经济持续健康发展带来严峻的资源环境压力（彭邦文 等，2024）。根据国际能源署（International Energy Agency，IEA）公布的数据，从 2012 年起，在一次能源消耗方面中国已经超过了美国，位居世界首位，同时也是第一大温室气体排放国（IEA，2012），这一结果迫使中国面临着能源消费、环境、资源的大量耗用以及大气中 CO_2 含量的持续增长等问题。

作为一个负责任的国家，中国对碳减排的决心是很大的，对一系列的国际条约和协议做出了积极的响应。具体表现为：

①中国积极承担起大国责任，在"十一五"规划中，中国就 CO_2 的排放量问题，设定了减少单位 GDP 能耗使用量 20% 左右的目标。

②中国在"十二五"规划中，提出了力争与 2011 年相比减少 17% 的目标。党的十八大明确将减少单位国内生产总值（GDP）的能源消耗以及 CO_2 的排放，作为全面建设小康社会的重要目标之一，这一目标的设定是为了实现更加绿色和可持续的发展。

③2014 年 11 月，中美双方签订了《中美气候变化联合声明》，中国在声明中明确表示，将于 2030 年左右实现 CO_2 碳排放量达到最高值，并计划到 2030 年非化石能源占一次能源消费比重提高到 20% 左右。

④2017 年 10 月，党的十九大提出，中国坚持把资源节约利用与环境保护纳入国家基本国策。

⑤2021 年 8 月，农业农村部、国家发展改革委、科技部等多个部门首次紧扣"绿色"主题，制定了《"十四五"全国农业绿色发展规划》，规划中明确指出，农业面源污染和生态环境治理处在治存量、遏增量的关口。

⑥2023 年，中央一号文件继续将"绿色"作为农业转型的底色，将"生态"作为农业发展的底盘，明确指出建设农业强国的前进方向，发展绿色低碳农业和生态友好农业的重要性。

当前我国发展经济依然是第一位的，而要促进我国经济发展向低碳转变，就一定要处理好经济发展与环境保护的问题，如此才能推动我国经济社会的可持续发展。而随着对绿色经济、低碳经济、可持续发展等理念的进一步宣传，我国的碳排放问题已逐渐引起人们的关注。低碳发展不仅可以加快中国经济发展的动力转变，从而达到中国高质量发展的新目标，还可以减缓在经济发展过程中所造成的温室效应。

统计数据显示，碳排放存在于人类经济社会发展的各个方面，它的产生途径多种多样，其中能源消耗是碳排放的主要来源。CO_2 的浓度上升是由于矿物能源的使用，而 CH_4 含量上升的原因是农业和矿物能源的消耗。与其他行业相比，农业嵌入国家"碳达峰、碳中和"总体规划及框架之内，具有较强的产业内生特征。虽然工业碳排放是碳的主要来源，但农业碳排放仍不容忽视（胡超，2022）。据联合国粮食及农业组织统计，农业生产所产生的温室气体排放量约占世界人为温室气体排放总量的 1/3（张瑞玲，2018），农业生产已成为仅次于工业碳源的第二大温室气体来源（IPCC，2007），这也致使农业一跃成为重要的碳排放源（Guan et al.，2009）。

随着时代的进步，我国的农业生产方式也在不断更新换代，由石器农具和动植物驯化为代表的原始农业向以青铜冶炼术和铁器冶炼术为主的传统农业转换，使得金属农具得到广泛应用，农业生产效率也得到提高。到了近代农业即工业化农业时代，由于农业良种化、化学化、机械化的发展导致农业生态系统遭受化学制品的污染，进而引发生态环境变得恶劣、自然资源遭到破坏、能源过度消耗等诸多污染问题。

随着社会的发展，中国农村科技发展取得了重大成果，但不合理的经济生产活动及工农业环境污染互相叠加影响，造成农村生态环境问题日益增多。资源硬约束问题、农村生态环境问题、农村体制机制不完善、生态基础建设系统退化等问题日益突出，因此我国实现农业"碳达峰、碳中和"是一项系统性且长期性的工作，需要解决多重困难（胡超，2022）。

由于农业的重要地位，农业生产与经济、社会及资源环境之间的协调发展，无疑构成了农业经济系统高效运转的根本基石。这一前提条件的实现，不仅保障了农业经济的稳定与健康，也为整个社会的可持续发展奠定了坚实基础。民以食为天，我们国家自古以来就是一个农业大国，农业是关系到人民生活的基础产业，它的地位是毋庸置疑的。而要实现农业的可持续发展，就必须要有一个长期的、高水平的发展。一方面，由于农业生产中的化学制品投入过量导致农产品的品质不达标，致使国内农产品在世界范围内的竞争力减弱，导致农户收入降低，遏制农户生产积极性；另一方面，由于天然资源日益匮乏，生态状况日趋恶劣，对高质量农产品的需求却在不断增加，使得粮食安全问题日益突出。这就要求今后的农业发展既要持续高质量利用农业资源，又要兼顾经济收益；既要实现农户增收，更要合理地维护生态环境，使之能够持续、健康地发展。

农业是我国国民经济的基础产业，并发挥着不可或缺的作用，但其碳排放量在 2010 年达到了 8.28 亿吨，约占中国碳排放总量的 17%（李秋萍 等，2015）。全球每年由土壤释放到大气中的碳排放量为 $0.8 \times 10^{12} \sim 4.6 \times 10^{12}$ 千克（张云华，2014），其中，农业源排放的 CO_2、CH_4 和 N_2O 的排放量分别占人类产生温室气体排放总量的 21%～25%、57% 和 65%～80%（王昀，2008）。为了弥补土地、劳动力不足，我国在现代化农业生产过程中加大了化肥、农药、机械等农资投入（张军伟 等，2018）。上述投入的化石燃料均为高碳排放源，严重损害了中国生态环境。这种以高碳排放为主的农业生产模式与中国传统农业经济的可持续发展理念相悖，导致在追求生存所需资源的过程中，过度开发和破坏土地资源。

我国 2015 年农药的使用量已达 178.3 万吨，平均单位耕种面积农药用量高出世界平均水平的 3～5 倍，且平均利用率仅为 36.6%，远低于世界平均水平（郭清卉 等，2020）。CH_4 是天然气、沼气和煤气的主要构成因素，尽管它的排放量远低于 CO_2，但是它产生温室效应的能力却是 CO_2 的 20～60 倍。农业中的种植业、林业和畜牧业都是产生 CH_4 的重要来源，如水稻是大气中 CH_4 的重要排放源之一。在稻田淹水的条件下，稻田土壤中腐烂植物等有机体被细菌分解，在这个过程中就产生了 CH_4。目前，已有大量研究表明，全球 CO_2 浓度增加会导致土壤中 N_2O 浓度显著升高，但是关于这一过程的机理和影响因素尚不清楚。因此，利用温室气体效应模型评估 CO_2 浓度增加对土壤 N_2O 变化规律的影响已成为国际上的研究热点。基于温室气体效应模型估算出的 CO_2 对土壤 N_2O 浓度变化影响趋势的研究还较少，对于该过程中土壤养分变化与温室气体效应的关系仍存在较大争议。

碳排放问题关乎全人类的生存与发展，近年来农业领域的碳排放量呈逐年上升趋势，这使得农村生态安全面临严峻挑战。为有效应对这一局面，减少农业碳排放，我国积极推行了一系列有针对性的缓解政策，以期实现农业发展与生态环境的和谐共生，并在 2011 年农业部发布的《关于加强农村和农业节能减排工作的意见》中进一步提出，以提高农业资源利用率为关键环节，以节肥、节药、节水、节能和农村废弃物资源化利用技术推广为工作重点。近年来，为推进农业低碳绿色转型，我国有效实施了"一控两减三基本"等农业生产政策，严格控制农业用水总量、农业水环境污染程度，坚决实施化肥农药零增长行动，积极推进畜禽粪便、农膜、农作物秸秆的资源化、无害化利用和处理。2015 年农业部启动"减肥减药"行动，提出从 2015 年开始正式启动"减肥减药"行动，力争到 2020 年，化肥利用率和主要农作物农药利用率均达到 40% 以上，分别比 2013 年提高 7 个百分点和 5 个百分点，实现农作物化肥、农药使用量零增长。测土配方、绿色防控、精准施肥，化肥、农药、兽药的科学使用，直接关乎农产品的安全生产和品质保障。上述措施在推动农业碳减排、提升农民收入、刺激内需增长以及促进经济稳定发展等方面发挥了重要作用。这些举措也为农村工业化、城市化进程提供了必要的原料、资金、劳动力及市场支持，为农村的全面发展注入了新的活力。2017 年，我国大力推动农业发展方式转变、空间布局优化、构建人与自然和谐共生的农业发展新格局（陈世雄 等，2018）。2023 年中国农业科学院发布《2023 中国农业农村低碳发展报告》，并建议协同推进丰产增效与绿色低碳发展，降低农业排放强度。具体而言，实施稻田甲烷减排丰产技术创新，强化稻田水分管理，推广稻田节水灌溉技术，改进稻田施肥管理，选育推广高产优质低碳水稻品种。在肥料上，研发农用地氧化亚氮减排增效技术，推进氮肥减量增效，推广新型肥料品产、水肥一体化等高效施肥技术，推进有机肥与化肥结合使用（杨舒，2023）。

农业作为碳排放产生的主要载体，对农业 CO_2 减排尤为重要。寻找一条兼顾不断增长农业生产资料需求的农业绿色低碳转型之路，实现"碳达峰碳中和"承诺的目标是巨大挑战（杨莉莎 等，2019）。农业是人类生活和发展的重要支柱，我国政府对生态文明建设十分重视，为实现农业经济的稳步增长与农村生态环境的和谐发展这一总体目标，应着重研究如何高效地推动农业碳减排工作。为此，在今后的农村经济转型和我国经济社会的发展过程中，对农产品的品质和安全性有了更高的需求，促使农业向生态良好、绿色低碳、循环可持续发展的方向转变。

1.2 问题的提出

我国西部得天独厚的区位优势，在发展现代农业上是我国实施新一轮西部大开发战略的重要组成部分。西部地区总面积大，类型齐全，总量丰富，为西部地区农、林、牧、渔等产业的发展提供了有利的自然环境。西部大开发战略的目标之一，就是要促进西部地区农业结构的调整和农业产业化发展，使之成为我国新农村建设和城市化进程中经济社会稳定的支撑点。因此，对我国西部大开发战略来说，现代农业承担着十分重要而又艰巨的任务。

《中华人民共和国国民经济和社会发展第七个五年计划》将全国划分为东、中、西三大地带，西部地区包括四川、贵州、云南、西藏、陕西、甘肃、青海、宁夏、新疆以及重庆10个省份，这种划分方法长期沿用至西部大开发时，才对西部范畴重新进行了界定，在之前的划分基础上新增了广西和内蒙古两个自治区。发展至此，新划分的西部地区包括重庆、四川、贵州、云南、西藏、广西、陕西、甘肃、青海、宁夏、新疆、内蒙古12个省份。本书最终将最新规划的西部大开发12个省份作为研究区域。

随着我国西部大开发的深入，受到全球气候变化影响，导致干旱频发、沙漠化加速、农业病虫害蔓延的同时，又受到耕地面积限制、生产要素匮乏、农业生产结构单一、生产系统不完善、农业生产技术落后等问题，致使西部地区的农业生产依然是小农经济，这就给生态环境带来了很大的压力。国内学者在对西部地区进行研究时更多是围绕着农业发展。久玉林（2004）分析了农业在西部大开发中的重要地位，提出了现代集约可持续农业是西部地区农业发展的根本途径，并提出了生态环境改善、脱贫增收、科教兴农等建议。严奉宪（2001）在对中西部地区农业可持续发展的经济学分析中，从理解可持续发展的本质含义出发，并运用经济学的增长理论原理和方法，分析中西部地区农业可持续发展的主要制度因素与现实问题，探讨了中西部地区农业可持续发展战略思路及对策。陈蕊等（2022）对西部地区农业低碳化生产及其成效评价进行研究，认为农业作为重要的碳排放源，减少农业碳排放对于实现"双碳"目标具有重要的现实意义。面对巨大的农作物种植和畜牧业养殖中产生的 CO_2，建立现代农业生产体系才是解决西部地区资源环境约束、提高农业生产效率的有效途径和必然手段。西部处于我国农业发展的"边缘"地区，如何提高西部地区农业生产技术水平并在一定程度上增加单位面积的产量，减少农业碳排放的持续增加，促进西部地区优势资源开发和经济发展，成为我国现代农业建设的一个重要内容。所以，在实施西部大开发的过程中，要充分利用现代农业科技的优势，推动西部的发展，提高农民的收入。

西部地区总面积大，各省份间的经济、技术和生产要素会进行流通，区域之间相互联系，某个地区的农业生产对相邻地区的农业生产有一定的影响，进而导致相邻地区的农业碳排放量出现了明显的改变，并且出现了不同区域之间的碳排放转移，使得我国的农业 CO_2 排放量有较大的增长空间，选择农业低碳绿色发展则成为建设壮美西部地区的必然选择。西部地区在推动农业高质量发展过程中，面临着农业资源短缺、生态环境脆弱、农业要素利用率低、农业面源污染加剧等矛盾和困难（旷爱萍 等，2021）。为了实现乡村振兴和农业经济的持续发展，必须关注农村农业碳排放量的变化。

自2000年3月朱镕基总理代表中央政府宣布我国西部大开发战略正式进入实施阶段以来，国家倾斜更多的资源来推进西部大开发，推动经济重心西移，西部农业的发展也越来越引起国家重视，传统农业改造滞后、农业资源利用效率低、农业技术水平不高等原因导致西部农业发展呈现高投入高消耗的状态，加剧了农业碳排放的增长，导致我国西部地区生态环境日益恶化，实现可持续发展的目标已经迫在眉睫（郎慧 等，2019）。

西部问题也引起了众多学者的关注，并从西部大开发的宏观角度提出了经济发展战略问题，对西部地区农业发展问题的研究也取得了一定的成果。为我国农村发展带来了一次千载难逢的机会，但也面临着巨大的挑战。在我国西部大开发的大背景下，如何充分利用自身的资源，有效地化解生态环境与社会发展所带来的生态问题，已是摆在我们面前的重要课题。

鉴于此，本书在对西部地区农业碳排放进行测度的基础上，对其影响因素进行研究，并寻找出一条符合西部地区"低消耗、低污染、低排放、高碳汇"的发展道路，是西部地区农业乃至全国自然经济社会可持续发展的重要保证。随着我国农村经济发展和农村生态环境保护之间的矛盾日益突出，农村经济发展面临着严峻的社会问题。

1.3　研究目标

作为全球人口占比高达 22% 的国家，中国人口基数相当庞大。然而，与其人口规模相比，可供耕作的土地规模却相对较小，仅占世界总耕地面积的 7%。由于中国庞大的人口基数与有限的土地资源，必须竭尽全力满足持续增长的粮食需求。任何以放弃农业生产为代价的发展模式，都无法实现真正的可持续发展。我们必须寻求一种平衡农业与经济发展之间关系的策略，确保在满足粮食需求的同时，也能保护生态环境，实现长期稳定的经济发展。近年来自然灾害频繁，尤其是西部地区，持续性的农业污染对我国西部地区经济所带来的损失越来越严重。我国西部地区是中国农牧种植养殖的聚集地区，农户和政府如何控制和减少农业碳排放对于西部地区的经济社会全面发展都有着深远意义。

在"双碳"背景下对西部地区农业碳排放进行研究能够在一定程度上丰富区域范围内农业碳排放的研究。对西部地区联合实现农业碳减排、实现"双碳"目标提供一定的理论支持，农业碳减排工作直接关系到西部地区经济社会的可持续发展。考虑到目前我国高碳排放量、高碳排放强度的实际情况，发现以往的碳减排对策建议忽视了各个省份之间的合作，强调各自为战，而减少了合作带来的作用，要实现"低碳中国"，必须在各省份间开展减排工作（焦祥嘉，2018）。当前以低碳经济为基础，研究西部地区农业碳排放时序特征、空间关联、影响因素及减排策略，既有理论上的价值，也有实际的价值。本研究主要是通过测算西部地区 12 个省份的农业碳排放情况，有利于更加充分地认识西部地区农业碳排放现状，了解西部地区的农业碳排放总量的时序变化特征，进一步分析西部地区农业碳排放的空间关联网络特征以及各省域农业碳排放的影响因素，并且提出相应建议。

本书以农业碳排放为研究视角，梳理农业生态学、农业可持续发展以及低碳经济理论的逻辑关系，探索实现西部地区农业可持续发展的机制和路径。农业碳排放的空间关联及其成因的深入探究，对于我国制定具有针对性的区域碳减排政策具有基础性意义。其涉及的领域广泛，这一研究不仅具有复杂性，也体现了综合性，因此，它成为了当前我国生态发展领域急需解决的重要课题。这一课题不仅关乎国家层面的生态环境建设，更与每个人的生活质量和福祉息息相关。因此，要加深对我国农村发展的理解，并在一定程度上充实和发展我国的农业现代化与可持续发展的相关理论。同时，我们也积极汲取国内外专家学者的先进经验，以期能为农业碳减排提供宝贵的理论参考，履行我国在国际碳减排方面的义务与承诺。通过不断学习和实践，为推动生态文明建设做出积极贡献。

1.4 研究内容

西部地区农业碳排放测度及影响因素研究是本书的主要内容。

首先，本书在对农业碳排放相关概念及理论基础进行概述的基础上，对国内外有关文献进行了综述，并提出了本书的研究思路。

其次，对西部地区农业碳排放进行了综合核算，构建了包括农资、水稻种植、动物肠道发酵和动物粪便在内的三类农业碳排放体系。

再次，通过计算碳排放强度及增长率，对西部地区农业碳排放的时间演变规律特征进行分析。然后，对各省域间农业碳排放的区域差异特征进行研究。通过对比的方法分析2013—2022 年西部地区 12 个省份农业碳排放区域差异特征。

最后，在理论和实证分析的基础上，结合研究结果，提出了降低西部地区农业碳排放的对策，以期为促进中国低碳农业发展和制定相关农业气候适应政策提供必要的参考依据。具体内容如下：

第 1 章绪论部分。一是介绍研究背景，此部分内容梳理了包括国际组织、世界各国以及中国为阻止全球气候变暖和抑制碳排放所制定的公约、政策、法律等。二是问题的提出，此部分内容则是分析西部地区的区位优势及劣势，阐述为什么要研究西部地区农业碳排放等一系列问题。三是研究目标，此部分内容通过测算西部地区 12 个省份的农业碳排放情况，进一步探究西部地区农业碳排放的时序、空间关联网络特征及影响因素。四是研究内容，此部分阐述了本书 10 个章节具体研究的内容。五是拟解决的问题，此部分内容包括西部农业碳排放的时序特性、空间关联、影响因素及相应的减排策略。对以上内容的研究，为本书接下来的研究指明了方向。

第 2 章对相关研究进展及其评述进行概述。对国内外相关文献进行梳理、归纳和总结。国内外文献主要分类标准是根据本书的研究对象，具体可以分为不同角度碳排放研究内容、碳测算方法、农业碳排放的研究、空间关联网络特征研究、农业碳排放影响因素研究等方面。通过对已有文献的充分梳理，挖掘出本研究的可行性和创新性。

第 3 章构建本书的基本概念和理论基础。任何的实证分析，其理论基础都具有十分重要的意义，在充分理解研究对象和阅读大量文献的基础上，本书对农业、碳排放、农业碳排放和空间关联网络的基本概念进行详细说明；选取农业生态学、农业可持续发展、低碳经济理论作为本书的理论基础进行详细说明；选取农业种植的节水效应、立体种植的节水效应理论为本书西部农业发展指明方向；选择西部地区低碳农业的发展模式并进行总结，具体包括"四位一体"生态农业模式、"猪—沼—果"生态模式和平原农林牧复合生态模式，为本书提供农业现代化种养模式。虽然本书将研究重心放在农业碳排放这一课题上，但其核心依然是探讨经济发展过程中如何有效降低碳排放量、实现低碳经济和农业可持续发展的问题，故而，我们需要基于经济增长理论，深入剖析农业经济增长的原动力。同时，低碳经济理论则着重强调推动农业走向绿色、可持续发展道路的必要性与紧迫性。

第4章为西部地区农业发展概述。对西部地区范围、西部地区的异质性和各地区农业发展现状进行分析。具体来说，在对各省份的发展进行介绍时，主要围绕着农村人口、城镇人口、第一产业从业人员、第一产业总体产值及农业、林业、畜牧业和渔业的具体产值。以上内容根据12个省份的实际情况分别进行论述。

第5章西部地区农业碳排放测算及时序特征。根据西部地区农业生产的实际情况，建立科学的农业碳排放测算体系，利用2013—2022年的《中国统计年鉴》《中国农村统计年鉴》，测算了西部地区12个省份的农业碳排放。清晰地认识西部地区农业碳排放现状，预测未来农业碳排放变化趋势，目前农业碳排放的核算标准和体系仍旧是学者们讨论的热点。在国内外学者们的不断探索中，农业碳排放核算体系也不断丰富。本章在大量文献的基础上，综合考虑国际标准、国内实际情况和数据可获得性，构建了包括农业生产投入、水稻及牲畜养殖三大类碳源，细分为（化肥、农药、农用柴油、农用薄膜、灌溉、翻耕，水稻，奶牛、其他牛、马、驴、骡、猪、山羊、绵羊、骆驼）。这三大类碳源基本涵盖了目前国外研究的主要碳源，具有一定合理性、客观性和前沿性。通过对2013—2022年西部地区农业碳排放量、强度及增长率进行测算，然后对研究区域的时间演变规律进行分析，具体显现出先分析总体时序再分析具体省份的农业碳排放时序特征，并对所研究的12个省份之间的差异的时序特征进行进一步研究。

第6章西部地区农业碳排放空间关联网络特征分析。首先运用修正的引力模型对西部地区农业碳排放的空间关联引力强度进行测度。再运用社会网络分析法对西部地区农业碳排放空间关联网络结构特征进行分析：一是空间关联网络整体结构特征，该特征主要利用网络关系数、密度、关联度、等级度、效率5个指标进行分析；二是空间关联网络个体结构特征，该特征主要利用点度中心度、接近中心度和中介中心度3个指标进行分析。

第7章西部地区农业碳排放地区差异及动态演进。在利用2013—2022年《中国统计年鉴》《中国农村统计年鉴》测算了西部地区农业碳排放的基础上，运用MATLAB软件对西部地区中的西南地区以及西北地区的两大地区差异进行实证分析，具体从整体、地区内和地区间进行分析，并对西部地区农业碳排放的分布动态演进开展实证分析，包括西北、西南作物种植碳排放、畜牧养殖碳排放、农用物资投入碳排放。

第8章西部地区农业碳排放影响因素分析。结合第4章对西部地区农业碳排放计算的结果，在定量测算西部地区农业碳排放的基础上，利用LMDI模型，选择农业生产效率、农业产业结构、经济发展水平和人口规模因素分析碳排放增减的主要原因，并对西部12个省份分地区进行分析，进而把握影响西部地区农业碳排放的关键因素。

第9章总结国外低碳农业发展的经验。收集查找国外有关低碳农业发展的经验，并对其进行总结，得出目标规划、立法规范、技术开发和资金支持四个方面的未来发展方向，为我国发展低碳农业提供参考。

第10章西部地区农业碳减排策略。为了合理降低碳排放，需设定明确的减排目标，并针对西部地区农业碳排放的实际情况，提出有针对性的对策建议，以推动低碳农业的快速发展。深入剖析我国农业碳排放的区域特性，有助于准确识别区域间的差异因素，进而使地方政府能够结合当地实际，制定切实可行的减排方案，确保减排工作的精准实施。分析导致西部地区各省份影响农业碳排放因素，以提高农业生产效率，促进农业碳减排；调整农业产业结构，降低农业碳排放；促进西部地区省域间低碳农业的协调发展；提高农业产业水平，发展低碳农业；重点向优化功能减排转移；积极明确各领域对农业碳减排的任务。在多种减排政策和措施的共同作用下，我国农业生产效率得到了显著提升，农业碳排放总量的增长率和农业碳排放强度均有所降低，低碳农业发展已初见成效，为我国农业的可持续发展奠定了坚实基础，但仍面临着自然资源的日益枯竭，考虑环境资源的承载力等各方面因素，我国农业可持续发展还需要进一步提升。

1.5　拟解决的问题

我国西部地区是中国农牧种植养殖的聚集地区，区位条件使其成为中国主要河流的生态屏障，还是中国重要草原、森林和湖泊的集中分布地区，更是农作物生产和畜牧业生产的重点区域。农户和政府如何控制和减少农业碳排放对于西部地区的经济社会全面发展都有着深远意义。自 2000 年实施西部大开发战略以来，农业在稳定增收和增加粮食综合产量方面取得了不错的成绩，同时为保护农业可持续发展对区域进行了退耕还林、退牧还草等工程。在低碳和可持续发展的背景下，西部地区农业碳排放存在一定的特殊性，其碳排放的政策也是根据区域之间存在的差异化并结合实际情况制定的不同减排政策，降低农业碳排放是农业发展的自身需要所在，也是必然之路。同时，在促进西部地区经济发展的基础上，也能够提高社会的和谐程度，有利于降低西部地区整体碳排放强度和促进西部地区周围区域农业的协调发展。因此，本书通过相关研究拟解决以下几个问题：

一是西部地区农业碳排放的时序特性。通过农业碳排放测算公式对西部地区农业碳排放总量进行测算，对总体时序特征及 12 个省份逐个进行分析。

二是西部地区农业碳排放的空间关联，包括空间关联网络特征和地区差异。从西部地区农业碳排放的空间关联网络整体和个体去分析地区差异及变化。

三是西部地区农业碳排放的影响因素。利用 LMDI 模型对影响农业碳排放的因素进行分析，找出抑制和促进的因素，为实现减排目标提供具有可行性的建议。

四是西部地区农业碳排放的减排策略。提出了包括提高农业生产效率、促进农业碳减排、调整农业产业结构、降低农业碳排放、促进西部地区省域间低碳农业协调发展等 10 条具体的减排策略。

第 2 章

相关研究进展及其评述

当前，碳排放问题已成为各国关注的焦点，众多学者正致力于深入探究与碳排放相关的各种理论，并努力寻找降低碳排放的有效途径。学术界对碳排放问题的研究持续不断，涉及多个维度，内容广泛且深刻。本书主要从不同视角投入、碳排放计算、农业碳排放源、空间关联网络特征及农业碳排放影响因素的进展进行评述。

2.1 不同角度碳排放研究内容

通过从不同角度分析碳排放的研究内容，明确现阶段研究农业碳排放的重要性，并从农业、能源、产业结构等方面对其进行研究。一是从农田农地角度进行研究，李长生等（2003）将中国农田的温室气体排放作为研究对象，对其构成、排放机制、排放量测度及减排策略进行了研究。苏洋等（2013）、朱亚红等（2014）分别测算了我国新疆和甘肃地区因农地利用活动所引发的碳排放量，并对其驱动机理进行了分析，前者发现农业经济水平对农地利用碳排放具有较强的推动作用，后者发现农业生产效率和产业结构对其具有明显的推动作用。王若梅等（2019）基于水 – 土要素匹配视角对长江经济带的农业碳排放时空分异及影响因素进行分析，并认为要充分考虑与农业发展相关的水、土要素，做好农业低碳发展与节水节能的保护措施。二是从能源角度进行研究，韩岳峰等（2013）从能源消耗与贸易的角度上，利用因素分解法对导致碳排放增长的主要因素进行了研究，研究结果表明贸易条件效应是导致农业能源碳排放量变化的首要原因。张彪等（2021）基于光合速率法和生物量法测算了上海城市森林植被的固定 CO_2 功能，并结合其空间分布格局与区域 CO_2 排放状况对比分析了抵消能源 CO_2 排放的成效，结果表明，2017 年上海城市森林植被可固定 CO_2 为135.57 万吨，约合单位面积固碳 17.02 吨/公顷。孔潇扬等（2022）针对传统的基于行政区域的能源碳排放估算方法难以提供行政区域内部的碳排放空间分布信息等，在已有研究的基础上，根据依托数据、空间尺度和空间化方式的不同，总结出了三种能源碳排放的空间估算方法及相关应用。三是从产业结构角度进行研究，田云等（2020）从产业结构视角对粮食主产区的农业碳排放公平性进行研究时发现，虽然整体处于"高碳 – 低效益"，但畜牧业却呈现出"低碳 – 高效益"的特征，且部分省份呈现出严重的违背碳排放公平性特征。王韶华等（2022）在对碳排放影响因素进行研究时，从供给侧结构性改革角度进行分析，结果表明在均衡、资本、人力调控不同的情景下，呈现出如期达峰、提前 5 年达峰和推迟 5 年达峰的情况。叶娟惠等（2022）利用脉冲响应函数和导数散点图实证分析了科技创新、产业结构合理化和产业结构高级化、碳排放之间的双向空间传导效应，以及环境规制的非线性影响。杨柏等（2023）基于产业关联角度对中国区域的碳排放进行核算，利用 MRIO 模型结合边际和绝对指标对产业生产和 CO_2 前后向的关联性进行研究。

2.2　碳排放计算方法

现阶段国内外学者对碳排放测算方法的研究逐渐趋于成熟，主要有实测法、LCA 评估法、IPCC 法（碳排放因子法）、投入产出法、模型法等。

一是实测法，农业碳排放量的测算是开展相关研究的基础性工作，实测法通过对农业现场进行计量的方式记录碳排放气体的速度、流量和浓度，从而计算出碳排放总量。其优点在于碳排放的测度结果准确，但在实际测算过程中需要相应的设备辅助进行，所以这种实测法的应用范围很小，而在碳排放测度上的应用也很少。

二是 LCA 评估法，孟祥海等（2014）以中国为例，分析了其畜牧全生命周期温室气体排放的时序演变态势与空间变化特征。张广胜等（2014）利用生命周期法构建了农业碳排放测算体系，并对 1985—2011 年的农业碳排放量进行测算并分析其结构和效率变化特征，研究结果表明，中国农业碳排放总量增长的同时其强度正在逐步下降，而能源和化学制品是造成碳排放增长的重要原因。

三是 IPCC 法，它是目前国际上公认的碳排放测度方法。根据联合国政府间气候变化专门委员会发布的《2006 年 IPCC 国家温室气体清单指南》，具体的核算方法为活动数据乘以排放数据，这一结果可以应用于社会生产和生活的各个领域（赵宇，2018）。胡川等（2018）在研究农业政策、技术创新与农业碳排放的关系时使用 IPCC 法对农业使用的化石能源产生的碳排放进行测算。吴昊玥等（2021）认为测算体系中的碳因子指标，由最初的生产资料投入因素逐步向生产方式因素、经济社会因素等方面不断丰富和拓展，推动农业碳排放测算体系更加健全。

四是投入产出法，王才军等（2012）基于投入角度对碳排放时序特征及减排措施进行研究，研究结果表明，农业投入的碳排放呈明显上升趋势。杨果等（2019）在研究我国农业的就业和碳排放双重效应时利用投入产出法对碳排放进行测度。

五是模型法，Vleeshouwers 等（2002）在充分考虑作物、气候与土壤等因素条件下，对农地土壤碳转移量的计量模型进行了构建，这种模型主要用来分析和评估，因此，被广泛应用于实践中。

2.3 农业碳排放的研究

学者们在对农业碳排放源进行研究时存在不同的观点，最终认为影响农业碳排放量的差异是由于不同地区的农业和生产方式多种多样，造就了农业碳排放因子的多样性（王劼 等，2018）。主要分为包含动物养殖所产生的碳排放和不包含动物养殖所产生的碳排放。

从包含动物养殖过程中所产生的碳排放的角度来看，1997 年，《京都议定书》曾明确表示农业碳排放主要来源包含了农业土地的翻耕、动物的粪便及肠道发酵、水稻种植后与水的化学反应、对农作物残渣的燃烧等。West 等（2002）选择化肥、农药、灌溉作为农业碳排放源并对其进行研究。Johnson 等（2007）在对农业碳排放进行计算时选择农业废弃物排放、动物饲养过程中肠道发酵和粪便管理、能源消耗、稻田 CH_4 排放和秸秆燃烧作为主要的农业碳排放源。Macleod 等（2010）研究表明，土地翻耕会使碳离子流失，其中农业碳排放中的 CO_2 多数是施用化肥过程中产生的，甲烷则主要来源于动物肠道发酵和粪便。温和（2011）选取不同的村域为边界，通过研究黑龙江村域的农业碳排放问题，得出农业生产系统中的碳在不断循环，且主要包括碳排放、碳固定、碳吸收及碳转移四个方面，最终根据研究结果认为碳排放来源多种多样，主要分为五个方面，分别为农作物种植、畜禽养殖、农村的用能及人口和土壤呼吸。联合国粮食及农业组织明确了五种排放源，即土壤、反刍性畜肠道发酵、生物质燃烧、水稻种植和畜禽粪便是碳排放的主要来源（闵继胜 等，2012）。何艳秋等（2016）认为部分学者将农业碳排放归纳为三类，一是农业生产过程中投入的化肥、农药、农膜等化学制品产生的碳排放；农用机械使用过程中使用柴油所产生的碳排放；翻耕过程中有机碳的流失；农业灌溉中耗电产生的碳排放。二是水稻生长发育过程中产生的甲烷等温室气体所引起的碳排放。三是反刍动物饲养过程中肠道发酵和粪便都会产生 CH_4 和 NO_2。史常亮等（2017）在对农业碳源进行研究时，将水稻种植、灌溉、农业生产活动过程中产生的碳排放以及秸秆焚烧、动物饲养过程中的肠道发酵等方面产生的碳排放源进行测算，鲜少有学者在计算农业碳排放时将农业能源消耗作为目标并对其进行研究。周艳等（2018）在测算农业碳排放时认为农业碳排放源主要包含动物特别是反刍动物养殖与肠道发酵产生的碳排放。Garnier Josette 等（2019）研究认为，从整体来说农业会产生大量的 CO_2、NO_2 和 CH_4，并且有 60%～80% 的 CO_2 来自于农田生产中直接投入的化肥、农药等所产生的碳排放和农田生产中间接化肥制造和运输产生的碳排放，不仅如此，土地焚烧、畜牧、动物排泄物均会产生不同数量排放。

从不包含动物养殖所产生的碳排放的角度来看，Gregorich 等（2005）学者在研究时发现将原生态系统转变为耕地，会破坏原始土壤中的有机碳，致使约 123 百万吨的有机碳进入大气层中去。李波等（2011）对中国农业碳排放进行研究时认为农业碳排放主要有六个来源，主要包括化肥、农药、农膜的生产和使用、农用机械的使用、农业翻耕和农业灌溉。田云等（2011）通过构建相应测算指标计算出 2008 年我国农地利用产生的碳排放总量达到 7843.08 万吨，因翻耕而产生的碳排放量逐年上升，且已经达到了 48.85 万吨/年，年增速率为 0.38%，其中，耕作方式、种植模式和能源消耗等都表现出碳排放效应。Zepp（2011）认为在种植玉米和大豆等农作物过程中，所使用的化肥和灌溉等农资投入会增加 $CO_2 - C$ 通量。Safa 等（2012）在对新西兰麦田进行研究时发现，每生产 1 公顷的小麦会释放 1032 千克的 CO_2，其中化肥所产生的 CO_2 占比大约 52%，氮肥使用所产生的 CO_2 大约占比 48%，生物燃烧所产生的 CO_2 大约占比 20%。庞丽（2014）对农业碳排放的不同来源（化学肥料、农机使用以及土地耕地面积）所形成的碳排放加以计算，发现化肥在三种碳源中所占比重最大。殷文等（2016）将农膜与免耕技术结合，即"一膜两年用"，将比翻耕覆新膜的传统处理方式每公顷减少 6321 千克的碳排量。李赛（2016）通过研究发现，河北省农业碳排放强度（不计稻田碳排放）在国内处于较高水平，碳足迹逐年降低，农业碳排放主要碳排放源为农用机械与化肥，其中导致农业碳排放变化的主要碳排放源为农用机械。在众多农业碳排放源中，Yadav 等（2017）认为农业土壤是温室气体的主要排放源，他们利用修改后的反硝化—分解模型预测了加拿大地区的碳排放量，并进一步指出通过合理的管理灌溉和施肥有助于降低农业碳排放量。

2.4　空间关联网络特征研究

近年，国内有关空间关联网络的研究日渐丰富，研究内容主要涵盖空间关联网络。早期在研究碳排放空间关联性特征时，有很多学者基于空间分析和空间计量的角度，学者们发现碳排放空间网络呈现"与社会关系互动"的复杂的空间网络结构，与此同时，社会网络分析法（SNA）刻画复杂社会网络关系的能力备受学者青睐。

一是空间计量角度，林伯强等（2011）以中国三大区域的碳排放量作为空间面板数据，运用空间计量学的相关方法模型分析了中国碳排放的空间特点，得出三大区域碳排放的空间相关性和空间溢出性较高。程叶青等（2013）以空间自相关为分析工具，揭示了能源碳排放强度的时空演进趋势，并利用 VAR 模型找出影响因素，得到能源行业碳排放强度与城市化进程同步，并出现集聚效应。吴贤荣等（2015）同样采用空间计量模型构建空间权重矩阵，结合空间自相关莫兰指数分析我国省域农业碳排放的空间关联特征，结果发现我国 31 个省域的农业碳排放之间有明显的空间依赖性，农业碳减排潜力水平相近的省域呈现明显的空间集聚现象。

二是社会网络分析，杨桂元等（2016）基于社会网络分析对省际能源碳排放的空间关联关系进行研究，包括个体网络、整体网络和空间聚类分析，并对影响碳排放空间关联关系的因素进行回归分析，进而提出政策性建议。刘华军等（2016）通过改进的引力模型，确定了区域碳排放空间关联关系，并用社会网络图展示了空间关联关系图，为不同地区的不同行业提供依据。卫婧（2017）基于社会网络分析，对中国产业部门碳排放的空间关联特征进行研究，并得到目前各个产业部门的碳排放空间关联网络渐趋稳定的结论。贯君等

（2019）对中国林业全要素生产率空间关联网络结构进行研究时发现，中国省域林业全要素生产率的空间溢出效益普遍存在，省域间空间溢出呈现多重叠加现象，关联网络呈多核心发展趋势。何艳秋等（2020）在对农业碳排放进行研究时，突破传统基于地理邻接或地理距离考察区域农业碳排放关联的方法，发现中国农业碳排放关联网络稳定性高，区域溢出"等级森严"空间、经济、技术三维关联是引起农业碳排放的主要因素，提出通过缩短空间距离、增强经济联系、加强基础溢出，扩大省际农业碳排放关联，最终形成省际的互动协作减排机制。马歆等（2021）、李爱等（2021）认为碳排放作为社会经济活动的产物，其空间效应也同样超越了地理邻近距离，在全国范围形成空间关联网络。聂常乐等（2021）利用粮食贸易数据对全球粮食贸易网络格局变化进行分析，发现在自然禀赋条件和经济水平导致的市场供需关系和地缘政治情况共同塑造了全球粮食贸易网络。尚杰等（2022）基于关系数据和网络视角进行的农业碳排放效率研究，从关系数据和网络视角，利用修改的引力模型构建农业碳排放效率空间关联网络引力矩阵，研究结果表明，各省份间存在较大差异；此外，其空间效应在全国范围呈现空间关联网络特征，农业碳排放效率空间关联网络的网络关联性增强，网络内部森严的等级关系逐渐松散，网络结构的稳定性得到较大提升。邵帅等（2023）在对1998—2016年中国区域碳排放空间关联网络结构特征考察的基础上对区域之间的关联网络形成机制进行识别和解释，研究结果表明中国区域碳排放空间关联网络可以分为"各司其责"的四大板块并呈现出明显的区域化"俱乐部"空间分布特征。

2.5　农业碳排放影响因素研究

学者对农业碳排放影响因素主要是运用 Kaya 恒等式变形、LMDI 分解方法、STIRPAT模型和灰色关联分析法等方法进行研究，针对影响因素的研究主要围绕着国家地区划分及省市县区域作为研究范围，以 LMDI 模型作为研究影响因素的主要实证工具，具体可以分为农业生产内部条件和农业发展外部环境两大方面。

一是农业生产内部条件。研究内容主要围绕着农业主体。张杰（2022）认为农户在生产过程中位于主体地位，成为不可忽视的影响因素，在进一步研究中论证了农户年龄、务农年限、农业收入和农业技术培训等是影响农业碳排放的重要因素。从农业结构上来看，胡婉玲等（2020）运用 LMDI 模型研究影响中国农业碳排放的各个因素，结果表明对于中国东部地区而言，农业生产效率、农业产业结构和人口是抑制农业碳排放的主要因素，产业结构、城市化水平等因素是促进因素；农业生产效率、人口对于中西地区的碳排放成为强有力的减排因素，而农业产业结构、区域发展水平等则成为推动农业碳排放增长的因素。范东寿（2022）发现利用农业内部结构的优化可以实现"减排红利"，从而实现最终缓解农业碳排放压力。从农业技术角度来看，杨钧等（2013）认为农业机械化水平和农业经济发展对农业碳排放的增加起到促进作用。丁玉梅等（2017）在对中国农产品在贸易过程中所产生的隐含碳排放进行测算时选择 MRIO 模型作为主要研究模型，同时利用 LMDI 模型对影响其变化的主要因素进行分析，最终发现农业技术水平对隐含碳排放具有明显抑制作用。张颂心等

（2021）论证了在众多影响农业碳排放的因素中，科技进步对其起到正向作用。学者贺青等（2023）和李成龙等（2020）分别认为农业现代机械水平的提升及生物技术的提升均对降低农业碳排放强度具有积极的推动作用。

二是农业发展外部环境。从经济角度来看，仇冬芳等（2016）构建农业碳减排与农村金融支持耦合协调度模型，发现我国农业碳减排与农村金融支持耦合协调度整体水平较低，即农村金融对减少农业碳排放有正向作用。Appiah 等（2018）利用 FMOLS 和 DOLS 模型，在经济因素影响农业碳排放的基础上，将作物生产指数和牲畜生产指数也纳入影响因素范围，发现随着两个指数上升，碳排放会呈不同比例增长。熊延汉（2018）以云南省为研究区域，运用 LMDI 模型分析影响其变化的主要因素，在研究的结论中提出农业经济发展及城市化对农业碳排放起到促进作用，而农业生产效率及农业产业结构对农业碳排放的影响则呈现出抑制作用。从城镇化角度来看，Tian（2016）通过对农业碳排放源进行细分，进一步测算了碳排放量，并建立多元 Logistic 回归模型对影响其变化的主要因素进行分析，研究结果表明城镇化率、人均农业生产总值、牲畜产品产量和农用化肥等是影响农业碳排放的主要因素。曾珍等（2021）从两个角度对城镇进行细分，并得出了人口城镇化呈现出增加农业碳排放的趋势，而土地城镇化则呈现出抑制农业碳排放增长的趋势。Koilakou 等（2023）以美国和德国作为研究农业碳排放的区域，对其影响因素利用 LMDI 模型进行分析，研究结果表明在增加因素中能源消耗和收入状况均会对两个地区的农业碳排放产生促进作用，而人口因素仅在美国地区中对农业碳排放产生增加作用，对德国并没有呈现出增加作用。崔朋飞等（2018）以中国 30 个省域为研究区域，对其 2003—2015 年的农业碳排放进行计算，基于计算结果，利用 LMDI 模型对影响其增减的因素进行分析，最终发现固定资产投资规模成为促进农业碳排放增长的主要因素，而投资效率则成为抑制农业碳排放的主要因素。黄晓慧等（2022）在对农业碳排放的影响因素进行研究时，将城镇化和空间溢出效应相结合，研究结果表明城镇化所产生的影响不仅存在于本研究区域，还会对其他地区产生影响。从政策角度来看，杨晨等（2021）在对农业碳排放进行研究时，以中国 31 个省域为研究区域，利用 31 个地区 2000—2019 年相关的面板数据，采用 DID 模型对粮食主产区的相关农业政策对其影响因素进行具体分析，研究结果发现，政策的实施一定程度上能够抑制农业碳排放。黄伟华（2022）在实证分析中得出财政支持对其有减排作用。Guo 等（2022）对影响农业碳排放总量变化趋势的研究中发现，农业财政方面的支持对于实现减少碳排放的目标具有积极推动作用，也证实了农业财政的支持与农业碳排放之间存在的单向的因果关系。朱舰伟等（2023）以内蒙古 2000—2020 年的数据为基础对其农业碳排放时序及影响因素进行研究，研究结果表明：农业碳排放整体呈上升趋势，其中水稻种植、牲畜养殖、农地利用和秸秆焚烧产生的碳排放均在增加。

2.6　文献评述

通过对文献梳理，发现学术界已经从不同视角对农业碳排放及周边问题进行了较为深入的分析和研究，现阶段存在三个问题：一是我国的农业碳排放研究多集中于国家层面（颜廷武 等，2014；文清 等，2015；董明涛，2016；姜静 等，2016；伍国勇 等，2021）和具体省份（洪业应，2015；张振宇，2016；李绵德 等，2023），对于西部地区来说，学者们对农业发展的研究视角也较为广泛。二是在对空间关联的研究方面通常使用空间计量模型和社会关系网络化分析，空间计量模型一般是用来验证碳排放强度是否存在空间自相关性，研究碳排放量的溢出效应和集聚特征，无法刻画碳排放空间网络的结构演变特征，适合做省级层面的定量分析。而社会网络分析法则可以对定量数据做出定性分析，对碳排放空间关联关系做出"微观层面"的解释，准确描述关联关系的表征，构建起"宏观至微观"的桥梁。三是关于农业碳排放影响因素的研究，国内学者普遍倾向于借鉴西方经济学的计量模型和分解方法。通过运用这些先进的工具和技术手段，深入探讨了农业碳排放的成因及其背后的复杂机制。这种跨学科的研究方法不仅丰富了农业碳排放领域的研究内容，也为我们更好地理解和应对农业碳排放问题提供了有力的支持。基于以上情况，本书选取一种适用于西部地区农业碳排放研究的方法，运用农业生态学理论、农业可持续发展理论、低碳经济理论等作为理论支撑，采用面板数据对西部地区农业碳排放进行横向和纵向比较，突破了横截面数据的片面性，旨在对西部地区的低碳农业发展情况开展较为系统的综合测评研究，以对西部地区农业碳减排提出对策和建议。

第 3 章

基本概念理论、效应理论
及典型模式

本章主要包括基本概念的界定和理论基础的分析，这一部分主要是对农业、碳排放、农业碳排放和空间关联网络的基本概念进行界定。对农业生态学理论、农业可持续发展和低碳经济三个相关基础进行总结归纳，为后续研究提供有力的理论支撑；并且进一步分析低碳农业发展的效应理论，包括农业种植的节水效应和立体种植的节地效应；最后总结低碳农业的典型模式，主要包括"四位一体"生态模式、"猪—沼—果"生态模式和平原农林牧复合生态模式。

3.1 基本概念

3.1.1 农业

农业是指在获得产品的前提下，通过劳动者参与到动植物培养的一个自然在生产的活动，是人类生存和发展的基本生产资料及生活资料的来源。农业又被称为第一产业，也是支撑国民经济发展的支柱产业，因此，整个国民经济的发展速度和规模，均受到不同程度的影响。农业主要包括种植培育和动物饲养两部分，随着现代农业的发展，人们对农业的定义进行更加细致的划分，具体有广义农业和狭义农业之分，广义农业主要包括种植业、畜牧业、林业、渔业四大部分，狭义农业指种植业（王妍，2017）。

随着农业技术的不断革新与普及，农业生产方式正逐步由传统手工作业向机械化操作转变，并进一步向信息化方向迈进，使得农业生产过程的可控性日益增强。农业逐步走向研发、生产、推广、销售一体化的道路。近些年来，中国农业结构在不断调整，林业、畜牧业和渔业都得到了发展。由于农业碳排放的主要来源为农作物的生产活动和畜牧养殖，因此，本书所要研究的农业是在狭义农业的基础上增加了畜牧业，即种植业和畜牧业。西部地区的农业构成主要以种植业和畜牧业为主，林业和渔业占比相对较小，根据西部地区农业发展的现状，选取了种植业和畜牧业对西部地区农业碳排放进行分析。

3.1.2　碳排放

从经济学的观点来看，碳排放是一种产品从生产、流通、使用、再利用、再循环等一系列经济活动中所产生的各种温室效应的总称，而动态的 CO_2 排放量，则是指每个商品所产生的温室气体的总量，在不同的批次中，所产生的 CO_2 排放量也是不同的，经济发展不仅强调碳排放总量控制，还要求通过变革经济发展范式，促进经济增长，这也是研究碳排放的主要内涵（李遵领，2022）。

结合众多学者的研究观点认为，碳排放是指造成气候变暖的温室气体的排放，温室气体中主要的气体是 CO_2，占温室气体排放总量的60%。因此，用碳作为代表故称为"碳排放"，这样更容易被大多数人理解和接受。根据碳源是否具备可持续性的特质，我们将碳排放划分为可再生碳排放与不可再生碳排放两大类别。在此分类中，可再生碳排放特指那些能源来源具备可持续性的碳排放形式。可以再生的一种排放方式，包括各种正常的生命体碳循环和可再生能源碳排放；不可再生碳排放是指由于资源的稀缺性，能源不可再生的一种排放方式（张二女，2017），包括煤、原油、天然气等不具备再生能力的能源碳排放。现有研究主要通过对 CO_2 排放的测量来表征温室气体排放所带来的环境损耗。

随着工业革命的加快，矿物能源的大量使用，其逐步从生物能源变成了能源消费的主体。煤炭和石油是矿物能源的主要消费来源，而煤和石油又是高碳能源，这些高碳能源在人们的生活和工业生产中的应用，使得碳排放越来越多。减少矿物能源的消耗，并逐步推动使用更多的清洁能源，是减少 CO_2 排放的一个重要手段（李遵领，2022）。

目前只有关于工业碳排放的来源，各界学者才达成普遍共识，而相比于工业碳排放，农业碳排放的来源呈现出多样化的特征，碳排放的产生机理更加复杂。

3.1.3　农业碳排放

农业碳排放是指在农业过程中产生的 CO_2、CH_4、N_2O 等温室气体的排放，其排放量的多少也是用来衡量降碳减排成效的重要指标。对于农业碳排放的定义还可以分为广义和狭义。广义的农业碳排放认为是自然或者是人为原因所导致的农业生产过程中的碳排放。狭义的农业碳排放认为是农业生产过程中所导致的温室气体的排放（李波 等，2011）。

农业与其他产业不同，它的特殊性造就了其具有双重功能，具体表现为它既可以是碳源也可以是碳汇，有关碳源因子的确定更为复杂。因此，本书将农业碳排放的概念界定为：在生产环节中各个生产要素的投入量，具体而言，就是农用物资投入导致的温室气体排放，而 CO_2、CH_4 和 N_2O 是构成农业温室气体的成分，这些温室气体主要源自农业生产过程中的多个环节，包括化肥和农药的使用、化石燃料的消耗以及废弃物处理等，它们直接或间接地导致了温室气体的排放。

《中华人民共和国气候变化第三次国家信息通报》显示，农业排放的"非二氧化碳"占比较高，在全球同样也是如此。从中国国情出发，在确定农业碳排放源的基础上，指出了其产生的来源有三。

一是来自农地的耕作。土地作为农业的主要生产对象，人类在种植作物过程中，所进行的土地翻耕比如化肥生产和使用直接或间接导致的碳排放；农药生产和应用造成的碳排放等农用物资导致的碳排放；农膜生产和应用造成的碳排放；农业机械直接或间接消耗化石燃料所造成的碳排放；翻耕所破坏的土壤有机碳库，导致大量有机碳流失到空气中造成碳排放；灌溉过程需要电能，也会消耗化石能源，从而释放 CO_2（刘利平 等，2012）。

二是源于畜牧动物的养殖。反刍和非反刍动物都将会向大气中排放或多或少的温室气体 CH_4。其中，反刍动物通过特殊的消化道，将胃中食物回流至口中，再次咀嚼后吞入瘤胃中，瘤胃中的细菌在消化食物的同时也会产生温室气体 CH_4。主要是动物肠道蠕动和动物粪便处理不当所导致的碳排放（本书选择奶牛、其他牛、马、驴、骡、猪、山羊、绵羊、骆驼）。

三是水稻种植过程中产生的 CH_4。为方便分析测算，统一将测算过程中所有的 CH_4、N_2O 置换成标准 C。根据 IPCC 评估报告可知，1 吨 CH_4 引发的温室效应等同于 6.82 吨 C（25 吨 CO_2）的作用，1 吨 N_2O 引发的温室效应等同于 81.27 吨 C（298 吨 CO_2）的作用（田云，2015）。

3.1.4　空间关联网络

有关网络形态的术语有不同的描述，不同学者在对其进行研究时选择的并不相同，例如空间相关结构（Li et al.，2019）、空间相关格局（Dai et al.，2017）以及空间关联网络（武文杰 等，2011）。本书选择"空间关联网络"这一概念并对其进行详细说明。

空间相互作用理论由美国地理学家于 20 世纪 50 年代提出，随着经济发展、技术进步以及信息化发展水平的提高使得要素在城市间的流通更为便捷，因而城市发展将更多地受到其他城市的直接和间接影响，由此形成空间上的相互作用。理论认为任何城市在空间上都不是孤立存在的，它总是与其他城市存在着联系。事物和事物之间的相互影响形成的某种关系可以构成一个网络。

空间关联网络的形成是要素流动产生空间效应或空间溢出的典型表征，是以要素互动关系为基础而建立的复杂网络结构（王永明 等，2013）。随着各要素在空间上的流动，对区域之间的空间关联效应起到增强作用，体现在各行各业高速发展的当今社会离不开物流、人流、资金流、信息流等。空间关联即一种时空联系是一种超越了地域和地域界限的相互影响，一种由物体和物体在地理上相互影响和相互作用的联系，进而形成的复杂的网络型关联关系。这种联系体现在为满足城市生产生活的正常运转，不同城市间不断进行的物质、能量、信息和人员的流动与交换。各种要素在不同城市、区域之间的交流形成城市间、区域间的相互协作关系以及相互联系。

空间关联网络这一个概念被管理学、社会学、组织学、地理学等多个学科应用，并在实际研究中去解决一些相关方面的问题。空间关联网络的演化特征主要体现在对网络成员个体关系和整体网络结构进行描述，进而对关联网络的格局和特征进行详细的描写（戚禹林，2022）。

根据"地理学第一定律"所提出的观点，它主张事物与事物之间在空间分布上均有相关性，且地理位置的远近决定了空间关联关系的疏密程度，往往相近的事物之间比远处的关联更紧密（Anselin，1988）。空间关联网络作为一种特殊视角，把行为者之间的联系视为行为者之间的资源和信息传递的渠道，从而可以探究由众多行动者及其彼此间的关联关系构成的空间关联网络特征。

3.2 相关理论

本书在研究西部 12 个省份农业碳排放及影响因素时涉及经济学、农学、能源学、环境学等学科内容。因此，选择农业生态学理论、农业可持续发展理论、低碳经济理论等作为本书的理论依据。

3.2.1 农业生态学理论

生态学是研究生物与生物之间的关系、生物与环境相互作用的科学，是自然界的经济学（辛晓平，2000）。生态学所包含的内容较为广泛，20 世纪 70 年代，随着系统论、控制论和信息理论的吸收，生态科学逐渐形成了生态体系，并逐渐朝着定量的生态演化。在实际运作过程中，生态系统的应用也随之发展起来。

生态学在其应用领域上又进一步拓宽，产生了许多分支学科，根据其生物种类，可分为海洋生态学、森林生态学、草原生态学等；根据其用途，可分为人类生态学、城市生态学、数学生态学、化学生态学、农业生态学、景观生态学等（张坤民，1997）。而农业生态学是生态科学的一门学科，也是一门农业与生态学相结合的学科，被定义为以生态学的观点研究农业领域科学，并在农业生产中得到广泛的应用。

生态学之所以能够在农业中得到应用是由农业生产的特性所决定的。农业的本质就是通过生物和环境来制造人们需要的食物，没有了生物，就没有了农业，而光、热、水、气候与土壤等因素构成了生态系统。从这一点可以看出，农业是一种将生物和环境纳为一个整体的生态系统。农业生态学理论不仅是生态学的一个分支，而且它还把农业生物体和其自然环境结合起来，采用生态学和系统理论的原则和方法，通过分析两者之间的相互作用、协调演变以及对它们的调控，从而推动了我国农业的可持续发展。

农业生态学是研究农业生物（包括农业植物、动物和微生物）与农业环境之间相互关系及其作用机理和变化规律的科学，其基本任务是要协调农业生物与生物、农业生物与环境之间相互关系，维护农业的生态平衡，促进农业生态与经济良性循环，实现"三大效益"（经济效益、社会效益和生态效益）同步增长，确保农业可持续发展（黄国勤，2022）。深入研究农业生产活动与生态环境之间的复杂关联，并探索实现农业生态化的有效路径。开发与环境相和谐的农业生产技术，并将生态原则融入农业规划与管理之中，从而组织起符合生态原则的供需链，以实现农业的可持续发展。现在普遍认为，农业生态学是农业循环经济最基本的理论基础，因此，农业循环经济也是农业生态学的核心内容之一（孔令明，2013）。

农业生态学作为一门专门的学科，由最初研究作物品种分布和适应能力，即农作物和环境之间的关系，发展到 20 世纪 60 年代生态学家、环境学家开始对农业生态学进行研究，研究领域超过了作物生态，扩展到农业生态系统的生态管理、农业生态环境改善、资源合理配置与高效利用以及病虫害的防治工作。农业生态学以具体的农业生态体系为研究目标，探讨其内部的物质和能量的流动、相互联系、协调控制和可持续发展的规律（骆世明，2001，2009）。

究竟什么是农业生态学？从农业生态学的发展来看，在其萌芽初期一般认为，农业生态学就是解决与农业生产有关的各种问题的科学（Wezel et al.，2009），而现在则普遍认为，农业生态学是利用生态学和系统理论的原则和方法研究农业生物体与环境之间的相互作用。

农业生态学主要是一种基于本地实际情况而进行的一种综合的农业生产经营管理体系，其目的是研究农业中的微生物与其他农业环境的相互作用、变化、调节和自动控制，同时也是一个系统工程。其主要内涵是设计、调节、管理农业生产系统和农村经济的工程系统。这就需要发展食品，制造多种货币商品，发展田野耕作、林业、畜牧、打猎、捕鱼、大规模农业以及第二产业和更高产业，并充分发挥传统、科技和现代化的农业性质。技术发展是由人为的环境工程学来实现的，它与环境和谐发展，利用与保存的关系形成了一个生态系统。资源的使用和保护之间的对比，构成了环境与经济的两个良性循环，以及三个主要效益即经济、生态和社会的统一（Franzluebbers et al.，2020）。

国外农业生态学的发展历程主要可以概括为四个阶段：

①农业生态学的起始阶段（1928—1961 年），这一阶段标志性事件是 1928 年 Klages 提出"农业生态学"的概念；

②农业生态学的扩展阶段（1962—1979 年），美国农业生态学发展进入扩展阶段，1962 年美国海洋生物学家 Rachel Carson 撰写的 *Silent Spring*（《寂静的春天》）出版发行，唤起了人们对生态环境问题的重视，这在一定程度上也促进了美国农业生态学的发展；

③农业生态学的巩固阶段（1980—1999 年），在这 20 年的时间里，美国农业生态学逐步走向"地位巩固、体系完善、理论成熟"的阶段（黄国勤 等，2013）；

④农业生态学的新发展阶段（2000 年至今），进入 21 世纪，美国农业生态学积极拓展研究领域，不断开辟学科研究前沿，已在可持续农业、替代农业等诸多研究领域居世界领先水平，成为世界农业生态学的"领头羊"。

国内农业生态学的发展历程主要分为四个阶段：

①20 世纪 30 年代，农业生态学的研究重点是植物与生态的关系，其主要目的是研究植物能否适应环境，使植物适应生长，促进农业生产的发展（李婷 等，2022）；

②发展到 20 世纪 70 年代，农业生态学系统逐渐成为众多学者研究的热点，这一阶段的农业生态学研究的重点是系统内部的物质与能量的流动，以及各个系统的相互联系，从而使其研究的目标不断扩展，从生态层面向农业生态方向发展。沈亨理（1975）在我国倡导以农业生态系统论为核心的农业生态学理论体系；

③20 世纪末期，世界各国的经济和社会发展都围绕着资源与环境的保护、可持续发展而展开。随着农业生产效率的提升和相关理论研究的深入，农业生态学的研究范围不再局限于环境与生物之间的关系，而是进一步吸纳了社会、技术等因素，我国也开始了社会、经济

和生态相统一的农业生态学实践（麦翀，2021）；

④进入 21 世纪后，全球气候变暖、环境污染等成为各个国家关注的热点领域，在环境上，主要包括农业生产会不会对全球的气候变化产生不利的影响以及农业环境保护、农业绿色生产与发展循环经济等问题。此外，入侵性外来生物及其防治已成为农业生态研究的新领域和任务。

21 世纪以来，我国进入工业化、城镇化与农村发展同步阶段，中央的支持促进了政策机遇期，统筹我国国民经济建设与资源环境的使命更加繁重，农村生态的优势与功能也更加突出。基于我国农业向规模化农业发展的背景，农业生态学的研究和应用步入新阶段。这一阶段农业生产的重点由数量向质量转变，协调生态与环境的矛盾是这一阶段的迫切任务。为更好地缓解资源减少和环境保护之间的问题，农业废弃物资源化利用和优化种养配比是调控农业生物与自然环境之间相互关系的有效途径（麦翀，2021）。

在研究农业生态系统中系统的组成与结构、能量流动及物质循环、经济效益、农业资源的优化布局与生态环境保护的基础上，立足于农业生产实践和农业生态学理论研究发展农业生态系统适宜性评价，该评价体系在生态工程、农业区划、农业资源利用、区域综合开发和治理等方面得到广泛应用。农业生态学的发展经历了萌芽期、产生期和发展期，目前已迈入完善期，应大力深化农业生态学的应用基础研究，以有利于农业生态的建设（胡巧玲，2015）。

在世界农业发展、粮食安全危机以及全球贫困等多方面问题频发的背景下，农业生态学由此提出。通过对农业环境，农业生物的个体生态、种群生态、群落生态，农业生态系统生态的全面阐述可以更充分地了解农业生态学学科的基础理论与方法，例如农业生态系统的结构、农业生态系统的功能——能量流动和物质循环（养分循环）、农业生态系统的调控等（黄国勤 等，2013）。以上部分内容是农业生态学的"心脏"。作为一个烦琐的生物过程，农业生态系统的生态服务承担着重要的责任，反映了其绵延不绝的生态特征。

农业生态学将与生态学相关学科的原理与方法结合起来，充分发挥其作用，并把农业生物和自然环境作为一个整体，对二者之间如何作用进行细致研究，以最终实现可持续的全方位发展。另一方面，农业生态学通过研究可回收材料和能源如何在农业生态系统中使用，使整个有机村庄所有产业的生产相互依存、互惠互利，形成了一个可循环的状态（李婷 等，2022）。

农业生产往往带来许多复杂的问题，为了有效地解决这些问题，必须利用农业指导方针和方法，从复杂和不寻常的群体问题中找出需要解决的主要环境问题。在西部大开发中可以明确"环境问题"，解决其他经济社会问题的发展首先要解决环境问题（李婷 等，2022）。

探究农业生态学的规律，不仅要求具备农业生产领域的丰富实践经验，还需融合物理、化学、数学等多学科的科学知识。此外，土壤学、气象学、林业、渔业和园艺等领域的专业知识也必不可少。同时，社会科学知识同样重要，包括农产品和副产品的加工技术、法律法规、历史背景、经济原理、政治理论以及地理学知识等。这些多元化的知识体系共同构成了学习农业生态学规律的坚实基础。

农业生态学的理论已经被各个领域吸收并运用，如生态旅游、旅游农业、绿色生产、生态建设、生态时尚、生态设计等。这不仅说明了生态学和农业生态学的渗透性，而且说明它在现代社会的各个方面都起着非常重要的作用。农业生态学实际的应用具有复杂性。

农业生态学作为应用生态学的一个分支，是农业发展的一个目标。通过了解和运用其原理，把农业有机体及其自然环境作为一个整体来研究它们之间的相互作用、协同进化以及社会经济环境的调控，从而促进农业的全面可持续发展（李婷 等，2022）。

3.2.2　农业可持续发展

从 20 世纪中叶起，全球的经济发展极不均衡，工业的迅猛发展造成了严重的生态污染、资源短缺，促使人类重新思考用资源换来环境恶化的方法所带来的不利影响，并在寻找解决人口、环境和资源之间问题的新的发展模式。

在 1987 年世界环境与发展委员会的报告《我们共同的未来》中，"可持续发展"第一次在国际上被正式提出。这一概念一经提出，就引起国内外专家学者的高度关注，这一词源于生态学，最初是一种对资源的管理战略（缪金狮，2010）。通过学界近半个世纪以来的广泛而深刻的研究，逐渐形成可持续发展理论体系，包含经济学、生态学等领域的丰富理论资源。可持续的经济发展是主要的，可持续的生态发展是基本的，可持续的社会发展是主要的。

可持续发展的四个基本原理是：公平性、持续性、共同性和阶段性。

第一，从公平性层面上来说，我们要从整体的视角来审视发展，不同国家、地域、肤色、种族、子孙后代，都享有发展的权利，平等享有发展的利益。

第二，从持续性层面上来说，要实现持续发展，就必须保证该地区的发展不能以牺牲其他地区的发展为前提，当前的经济和社会发展不能以牺牲子孙后代的发展为前提，因而在世世代代中表现出可持续发展的特点，这就需要我们更加积极地利用自然资源，在自身发展的同时更加科学、有效地利用自然资源，对于那些可再生的资源要有效保护其再生能力，对于那些不可再生的资源需要更加合理、科学的使用，还需要根据现实需要寻找可代替的资源，尽量减少这些资源的消耗。可再生性，就是人类赖以生存和发展的必要条件，人类可以通过掠夺来获得更多的资源，但不能因为过度地掠夺，对大自然造成伤害。

第三，从共同性层面上来说，这颗星球是所有国家和地区的共同家园，虽然各地的环境各不相同，但每个地区的人民都拥有共同的发展资源，共同的责任就是保护大自然，并且必须在这条道路上走下去。

第四，从阶段性角度来看，与外国学者相比，我国可持续发展处于相对落后状态，直至 20 世纪末期，叶文虎等（1995）研究表明，可持续发展意味着当代人在谋求发展的时候，不破坏子孙后代的发展根基，同时也不会给其他区域的发展造成威胁。我们必须认识到，发展不仅要着眼于当下，还要全面地顾及子孙后代的发展，绝不能为眼前的发展而断其前途。当与之对应的发展超出其承受范围时，就会遭到其反噬，从而对其发展产生直接的冲击。所以，要把发展的要求限制在一个范围内，不要无休止地、无底线地要求。要想达到可持续发展的目标，必须要进行全球性的、多个区域的合作。总而言之，可持续发展体现了人类与人类之间、人类与自然环境之间的和谐发展，是人类在长期的实践过程中总结出来的一种新的发展观。

联合国人类环境会议在 1972 年所发布的《人类环境宣言》标志着全球农业迈进全新发

展阶段。美国莱斯特·R.布朗于1981年在《建设一个持续社会》中表达了对可持续发展理念的认识，这是农业可持续发展的理论源泉。四年后，美国加州议会第一次对"持续农业"这一全新定义做出阐述（彭念一 等，2003）。蒋建平（1998）清楚地阐述了该概念，并对有关的理论与资源使用的联系加以分析，最近几年引起国际上的广泛注意，并从学术探讨进入试验研究和组织实施阶段。可持续发展是一种崭新的发展态势，其目标在于抛弃传统"现实的工业观念"，注重提高经济发展水平，提高资源利用率。

1991年，《丹波宣言》指出，农业可持续发展是指采取某种使用和维护自然资源的基础方式以及实行技术变革和机制性改革，重点集中于解决重大的稀缺农业资源和重大自然资源问题，以确保当代人类及其后代对农产品需求得到满足，这种可持续的发展（包括农业、林业和渔业）维护地球水资源、动植物遗传资源，是一种环境不退化、技术上应用适当、经济上能生存下去以及社会能够接受的农业体系（程宁，2011）。

农业发展是可持续发展理念产生的源泉，若将可持续发展的相关理论应用到农业上便产生了农业可持续发展理论，它虽然涉及很多学科的原理，但基础的理论是系统控制理论、生态系统理论、人地关系理论、资源环境价值论等（赵梅，2016）。农业可持续发展理论传承和弘扬了可持续发展理论的核心。它强调在农业发展中，不断实现技术革新，调整耕作制度，在不断满足当代人对粮食作物、经济作物和禽肉产品的数量及质量的需求的同时，又不损害后代的利益。此外，农业可持续要求在发展农业过程中，要实现农业、生态和人类社会三效合一。

农业可持续发展，是在经济社会可持续发展理念指导下，通过生产方式转变、农业高新技术应用、制度创新等手段，达到农业经济增长的可持续性、生态环境保护的可持续性与社会发展的可持续性，三者统一成了新的农业发展方式，它是实现经济社会可持续发展的重要路径。

农业可持续发展，首先，需要完整的生态环境支撑，如耕地总量的相对稳定、土壤肥力的持续稳定或提高，水资源的稳定供应和持续利用，生物资源的合理保护以及较强的抵抗自然灾害的能力等。其次，需要满足人们日常工作、生活所需的环境，如保持清新良好的空气、无污染的地表水、干净的地下水环境、安全的农产品和饮用水等。

因此，实现农业可持续发展，必须积极采取可持续的农业生产方式，促进资源的可持续利用。一是要保持良好的大气环境，实施节水措施，减少水污染给环境及人们生活带来的危害；二是必须维持耕地资源总量，维护土地的自然力，保持土壤肥力的稳定；三是要积极实现生物资源的有效利用，按照生态经济规律进行科学合理的开发和利用，使得生物资源在开发中不断更新，维护实现农业可持续发展的资源基础。

联合国政府间气候变化专门委员会（IPCC）的研究结果表明，人类无节制地过量排放大量温室气体，超过了大气的自净阈值，触发了气候自然力递减规律，引发了全球变暖，给农业可持续发展蒙上了阴霾。

在这样的大背景下，必须重新诠释农业可持续发展的基本内涵，除了通常的农业可持续发展的基本含义外，由于全球气候变暖，农业可持续发展被赋予了新的内容，人类与自然的关系日益紧张，人们越来越重视可持续发展的重要性。

因此，如何利用自然资源来提高生产力，减少对自然的破坏就成为当前最迫切的任务。

农业在国民经济中占据着举足轻重的地位，其发展与经济进步紧密相连，同时与其他产业也保持着紧密的纽带关系。自古以来，农业被视为如同空气和水源般不可或缺的自然资源，然而在现代社会经济的推动下，经济利益的驱使使得人们过度开发，却忽视了对其的保护，这样的态度需要转变。

在植物中，许多是可以再生的（其中有一部分具有再生能力）。植物细胞有再生能力，当一株植物枯萎或死亡后，其部分或全部根系可以重新萌发，重新获得新生并长出新根；而另一部分则可重新繁殖成新的植株。

土地、水和劳动力作为农业生产的基本要素，它与农业的发展有着密切的联系，所以更应该受到人们的关注。联合国粮农组织在 1991 年所定义的农业可持续发展是指通过提高农业生产水平，调整农业技术发展方向，使其在较长时期里达到人们的需求水平，从而使农业的经济效益和农民的生存质量得到提高，而不会对环境和生态产生损害或改善。农业的可持续发展是一个包含经济、社会、文化、技术和环境等多个子系统的综合性体系，而每个子系统的内在结构中都包含着许多特定的生产因素，系统内部各生产要素缺一不可。同时，可持续发展的农业体系也具有复杂性、开放性和动态性。

农业可持续发展系统本质上是一个开放系统，并不是一个孤立存在的系统，其由多要素构成，系统内外部处于动态变化中，随时可与其他系统发生交集，并且不断进行着物质、信息和能量的交换。因此，具有多层次、多目标和强耦合性的特点。

农业可持续发展主要包括三个方面的内容：一是农业经济能够持续、稳定发展，满足人民对于农产品的需求；二是农业发展的同时能带动农民增收，实现农业发展与农民增收互赢，既要满足农业经营者生理层次需要，也要满足自我提升的需要，保持农业内在的经济活力；三是保持生态环境和生态效益的永续性。农业可持续发展应该满足当代人及后代人对农产品的需求，不能以牺牲其他地区人或后代的长远利益为代价，剥夺他人发展甚至生存的权利，这也在一定程度上体现了社会的公平和正义（孔令明，2013）。因此，农业可持续发展必须将大农业系统作为一个整体，从整体的角度去分析。可持续发展思想为农业循环经济提供了整体、综合、协调的思想基础。

1991 年召开关于农业和环境问题的国际大会之后，人们一再提出了关于怎样才能继续、健康地发展的问题：第一，要努力增加产量，不仅要做到自给自足，还要做到适当地调节和储备，确保食物的供给，确保穷人能吃饱饭，解决粮食短缺的实际问题；第二，尽可能多地提供农民工作岗位，增加农民的工资，改变农村的贫穷，实行多种形式的农业生产，促进乡村全面发展；第三，营造良好的生态条件，优化现状，合理地保护和利用自然资源。

我国的农业可持续发展相对发达国家的农业可持续发展来说，起步相对较晚。中国的农业可持续发展研究起源于 20 世纪 70 年代，受人多地少、人均资源不足、生产力水平较低和生态环境脆弱的特征影响，具有提产、保质、高效和节约型的特点。首先，中国的可持续发展主要以提高农民的收益、提高粮食生产为主要目的；其次，要实现耕地、水资源、矿产资源、森林草原资源的有效、可持续开发和利用，实现世代间的公平性。

科技创新与体制保证是实现我国农业可持续发展的基本路径。在我国，要打破传统的依靠施用化肥和杀虫剂来增产增效的局面，必须遵循技术效益原理，使其达到生态和经济效益的双重平衡。由于其自身的弱点，需要对其进行完善的保护机制，以确保其资源的有效流通与分配。

20世纪70年代末至80年代初，可持续发展逐渐涉及农业的相关领域（王萍，2014），并且以马世俊为突出代表，认为我国农业发展要符合经济原则，要打造具有中国特色的农业可持续发展之路，这标志着农业可持续发展理念在我国产生。

1994年，我国的第16次国务院常务会议在北京召开。此次会议对《中国21世纪议程》进行了探讨和最后敲定，这份报告明确了今后农村和农业发展的方向与目标，指出我国是一个农业大国，农业是我国赖以生存的基础。要使我国的经济继续健康、稳定地发展，必须以农业和乡村为中心。只有其得到了持续发展，我们的国家才能持续不断地发展，从而实现中华民族的伟大复兴（姚成胜 等，2007）。

2016年，我国明确指出农业生产发展要落实绿色发展之路的要求，要做到生产、生活、生态的和谐统一。农业可持续发展的战略目标是：在资源合理利用和环境保护的基础上，实现农业高效益、粮食安全、农业和农村的稳定发展，实现农业生态、社会和经济的协调发展，保证农业和农村的快速发展。其中心思想就是要在生态与经济发展之间寻找一个平衡，既要开发利用生态资源，又要保持生态和资源的平衡。

目前，中国的农牧业发展状况令人担忧，在人口数量庞大的现实下，经济基础薄弱，人均资源拥有率极低。而且，以农村现在的生产水平，资源很少并且利用率也很低，过去的农业经济发展处于粗放状态，为寻求更高的经济效益，造成了生态环境的严重损害，致使目前的发展更加困难。如果农业发展依然采用以往粗放型的经营手段，以牺牲环境和浪费资源为代价，加之日益尖锐的经济与人口矛盾，我国的农业资源势必会出现过载现象，因此，我国应当把切实推进农业可持续发展当作重要任务（罗锡文 等，2016）。

我们要走上可持续发展的道路，必须要以农业科学技术为后盾，抛弃传统的粗放型，构建和完善科学的经营体系，充分发挥国家的优势，提高农业的效率，减少农民的生产成本，满足农民的各种需求，为我国社会经济的发展奠定坚实的基础。无论是我国具体情况还是实际发展要求，都证明农业可持续发展是我们要坚定奉行的战略。

农业可持续发展是可持续发展的基础领域，也是一个领先领域（李竹，2007），是指在保护和改善农业生态环境、合理永续地利用自然资源、满足人类自身繁衍生存发展需要的基础上，提高农业生产率，增加农民收入，提高食物生产产量和食物安全保障系数，改变农村落后贫穷状态，逐步实现社会公平，促进农村经济运行整体素质的不断提高，保护和改善农业生态环境，合理永续地利用自然资源，以满足当代和后代需求的一种"可持续发展"（邓楚雄 等，2010）。其根本出路在于从制度和技术上促进农民收入的提高和农村自然的全面协调发展。在人类生活的各个方面，对全球气候变暖影响最大的是农业的碳排放，农业碳排放所造成的温室气体排放量占全部温室气体排放量的1/3。因此发展低碳经济与低碳农业是必然趋势，其中农业碳减排是低碳农业发展的重要指标（罗清文，2020）。可持续发展既是现代农业的起点，也是最终的目标。这对于适应中国国情、科学合理地进行农业发展策略的调整，正确地处理与生态环境相关的问题，正确地根据中国国情，走出一条适合中国国情的现代化农业道路具有重要意义。

总体而言，当前，传统农业发展模式已难以跟上社会现代化进程的步伐。因此，针对不同地区的特点，我们需要有针对性地构建循环经济发展模式，以推动农业的可持续发展，确保农业与社会的和谐共生。因此，本书在深入研究西部地区农业碳排放的发展时，将农业可持续发展作为指导理论，分析其影响因素时，引导广大农户积极参与农业可持续发展，强化农业可持续发展意识，实现资源保护与效益最大化。

3.2.3　低碳经济

低碳经济的提出目的在于，在人类社会发展的各个环节中，更多地依靠高新技术手段，实现降低能耗、提高效率、减少 CO_2 排放量，减少对生态环境的破坏，以最终实现经济、社会与生态效益的高度统一，创造一个人与自然和谐相处的社会。

"低碳经济"这一概念是由英国前任首相布莱尔在白皮书《我们能源的未来：低碳经济的构建》中首次提出，并在《巴厘路线图》中得到肯定，它是指通过提高资源利用率，在更低的资源消耗以及更低污染的情况下，获得更多的产出（范博群，2021）。简而言之，就是降低碳排放、控制环境污染，其目标是既要减少污染，又要实现经济效益的最大化。

2006 年，英国发布了《气候变化的经济学》，并对全球气候变暖可能造成的经济影响做出评估，前世界银行经济学家尼古拉斯·斯特恩在这次报告中提出的核心观点主要有三个：第一，如果各国不采取有效的措施抑制温室气体的增加，而气候变化所产生的风险相当于每年全球 GDP 至少减少 5% ~ 20%，与之相反，如果采取了相应的控制措施，则每年全球 GDP 的减少量可以控制在 1% 左右；第二，全球温室气体排放必须在今后的 10 ~ 20 年达到峰值，才能在 2050 年以前，使大气中的温室气体浓度控制在 550 ppm① 以下；第三，经济水平不同的国家都需要参与到此次行动之中，没有必要限制经济水平较低的国家对发展的愿望，并且所采取的行动代价在行业间和世界范围内的分布都是不均衡的。

低碳经济理论根植于可持续发展理念之上，自 20 世纪 80 年代起，人类基于对自然生态环境遭受破坏的深刻反思以及对于构建和谐世界的责任感，开始积极寻求更加环保、低碳的发展模式，开始探索可持续发展道路。对可持续发展目标的追求包括：①从物质、能量和信息的视角不断满足当代及后代人的需求；②追求代际发展公平性问题，当代人的发展不以牺牲后代人的发展为代价；③优化"自然 – 社会 – 经济"系统的组织结构和运行机制，提高人类生活环境的外部适宜性；④强调人口、资源、环境、四位一体协调发展（李建成，2014）。

低碳经济理论为低碳农业和可持续农业的发展提供了坚实的理论基础。它不仅符合可持续发展的内在需求，也代表着世界各国长远发展的方向，因此，我们应该大力推动其发展。低碳农业的核心思想在于实现高碳型农业的替代。低碳农业的主要目标是减少大气中温室气体的含量，从而达到降低碳排放量、增加碳汇，并且加强基础设施的建设、调整产业结构以及改善土壤有机质，预防病虫害的目的（范博群，2021）。与之相关的理论关联与融合进一步推动了低碳经济理论的发展，但与其他理论不同的是，低碳经济理论更侧重于低碳技术和低碳制度的创新探索，在全球气候问题日益严峻的发展背景下，世界各国对低碳经济的研究更具有紧迫性和必要性（雷燕燕，2021）。

低碳经济的内涵主要体现在三个方面：

第一，低碳经济的非高碳性。这种非高碳的经济模式是相对于高碳经济而言的，这种经

---

① ppm 为浓度单位，1 ppm = 10^{-6}。

济发展模式的提出，是想从根本上抑制高耗能、高碳排放的经济发展模式。因此，通过降低单位 GDP 的耗能，创新低碳技术，有效控制空气中的 CO_2 浓度，才能实现低碳经济。

第二，低碳经济的新能源属性。低碳经济是相对于化石能源这种高碳排放物质而言的，通过使用新能源，实现经济增长与碳排放脱钩，通过新能源代替，发展低碳能源和无碳能源，降低经济发展对化石、煤炭等高碳排放能源的依赖。

第三，低碳经济具备显著的碳行为属性，其核心在于通过调整人们的生产生活行为，减少对化石能源的依赖，进而缓解经济增长给环境带来的压力。

张坤民、潘家华、崔大鹏等主编的《低碳经济论》中指出，低碳经济的核心内容包括低碳产品、低碳技术和低碳能源的开发利用，其基础是建立低碳能源系统，我国的节能技术体系和发展的核心在于构建适于发展的生产方式和消费模式，以及促进发展的国际国内政策、法律制度和市场体系，其本质就是提高能效和改善能源的结构。

传统的低碳经济概念是静态的，这种静态并不是一成不变的，它会随着时间和空间的改变而发生变化。因此，我们在对某一地区实行低碳经济时，如果仅考虑单一的一个区域，那么则用 CO_2 排放效率的变动来表示某一地区的低碳经济转型效果。但是，区域之间的各要素是相互联系的，那么我们在实践低碳经济时就要考虑区域间的关联作用。

低碳经济就是经济增长与减少环境污染协同增长的过程。政府一方面可以通过法律等直接管制手段控制污染排放，另一方面，可以通过征收税费提高排污者的消费和生产成本，或发放补贴鼓励消费者和生产者使用清洁能源、改进技术效率，从而实现低碳经济的发展（闫鑫，2020）。

实施税收主要是由于污染具有一定的外部性，外部性亦称为外部成本、外部效应或溢出效应。外部性是指在经济活动中，个人或企业的行为对其他人的福利产生了影响，这种影响可能是正外部性（或称外部经济、正外部经济效应），也可能是负外部性（或称外部不经济、负外部经济效应），也就是说该经济中出现了外部效应（庇古，2017；马歇尔，2019）。

低碳经济是经济发展从高碳时代向低碳时代演化的必然选择。作为一个包含众多产业的大系统，最初低碳经济是从能源发展的角度提出的，即通过新能源的开发和利用以及能源利用效率的提升，减少碳排放（张楠，2019）。但随着各行业的碳排放量激增，促使低碳经济涉及的领域更加广泛。低碳农业经济则是低碳经济的一个子系统，要想真正实现低碳农业经济就必须在农业经济与农业生产领域中充分发挥低碳经济理论。

面对全球气候变暖、环境污染等一系列问题，低碳经济作为一种新的经济发展模式和理念已成为国际社会普遍认同的新型增长方式。作为一种新的生产要素，低碳经济不仅可以有效解决"碳排放"和"碳中和"的矛盾，而且有利于推动经济结构转型、产业优化升级，并最终实现世界能源结构变革。

作为一种新的生产方式和生活方式，低碳经济不仅有利于减少能源消耗和 CO_2 排放，而且可以促进经济增长，这种增长由主要依靠能源消耗向主要依靠科技进步、劳动者素质提高、管理创新转变，还可以带动相关产业发展壮大并推动世界格局变革。

由此可见，全球气候变暖所带来的问题已经严重危害到人类未来生存和发展，多个国家共同认为，推动全球减排行动和向低碳经济转型刻不容缓，部分发达国家针对此已经做出具体的调整，努力改变社会经济政策，以最终实现低碳经济发展。

从各国实践低碳经济的情况来看，实现低碳经济的主要途径涵盖了技术的低碳化和结构的低碳化两大方面。具体而言，这包括加强技术创新以推动低碳技术的研发与应用，调整能源结构以减少对高碳能源的依赖，以及优化产业结构以推动低碳产业的发展，从而全面推动低碳经济的深入发展。

目前，各学者对于低碳经济在国家发展战略方面有不同的看法，多数学者认为低碳经济应该要上升到重要战略地位，作为新的发展方式，抢占国家竞争的制高点。在此背景下，中国结合自身的实际情况向低碳经济转型已经成为必然的选择（郑晶，2010）。伴随中国经济发展模式由高速向高质量发展，经济结构必然做出适当的调整，进而促进经济实力的增强。因此，通过建设资源节约型、环境友好型和发展循环经济的社会，发展低碳经济对中国战略转型具有十分重要的意义。

中国环境与发展国际合作委员会报告指出，低碳经济是一种后工业化社会出现的经济形态，旨在将温室气体排放降低到一定的水平，以防止各国及其国民受到气候变暖的不利影响，并最终保障可持续的全球人居环境（中国环境与发展国际合作委员会，2008）。我国政府近年来积极推动经济结构调整和转变发展方式，不断加大节能减排工作力度，促进了低碳经济的快速发展。

国内较早开始研究低碳经济的学者庄贵阳（2005）认为，"低碳经济"最先应该由政府提出，其含义是指通过技术创新和相关政策措施，实施一场能源革命，建立一种少量排放温室气体的经济发展模式，进而实现减缓气候变化的目的。付允等（2008）认为低碳经济是指以不影响经济和社会的发展为前提，最大限度地减少温室气体排放，尽可能减缓全球气候变化，实现经济和社会的清洁发展与可持续发展。低碳经济发展的目的就是应对当前全球气候变暖和环境恶化等突出问题，通过提升技术效率、优化能源结构和产业结构来实现低碳经济。低碳经济具有碳排放减少、碳生产率提高和经济增长并行发展的核心特征（潘家华，2010）。低碳经济的发展并不仅仅是达到减少碳排放的目的，还要使经济在减排的背景下实现新的增长，即改变经济发展模式、能源消费方式和人类生活方式的重要变革，最终达到低耗能、低污染、低排放的可持续发展模式（鲍健强 等，2008；蔡兴，2010）。中国在 2007年和 2009 年先后发布了发展低碳经济重要的发展战略、战略目标，并为实现这一目标付出了大量实际努力。

低碳经济理论既注重经济产出，又注重经济效益，有利于各国实现经济社会发展与生态环境保护相结合的双赢模式。本书结合低碳经济理论，在经济发展的同时减少农业碳排放，实现经济发展与生态环境保护的共赢。

低碳经济与 20 世纪落后的经济增长模式不同，它是人类社会继农业文明、工业文明之后的又一次重大进步，是转变发展方式走一条生态环保的新道路。此外，低碳经济已渗透到政治、经济、外交、能源、环境等各个方面，对于提高经济竞争力、增强国际政治地位，都起到了积极的推动作用。

低碳经济理念应用于农业碳减排当中，有助于实现农业的经济效益，还可以促进环境保护和能源节约，降低农业生态环境修复成本，还可以对人们的健康安全起到有效的保护作用。农业在发展过程中既要提高农民的基本经济效益，又要实现可持续发展，这就必须要发挥低碳经济理念的指导作用。本书在低碳经济理念指导下对西部地区农业碳排放展开研究。

3.3 低碳农业发展的效应理论

3.3.1 农业种植的节水效应

节水农业是一项以水为基础、以水为本，以水、土、作物为主要研究对象的新型高效农业模式。根据中华人民共和国水利部颁布的《2022年中国水资源公报》，2022年中国的农业用水总量比2021年增加了1.5%，但由于水资源利用效率低下，造成了大量水资源浪费。节水农业模式是指针对不同的作物和不同的地区采取不同的灌溉方式，以满足不同的用水需求，从而实现水资源利用率和经济效益的提高。节水农业模式中水分利用效率与作物生产力是衡量水资源高效利用的主要指标。主要分为两种类型：一种是节水灌溉，另一种是旱地灌溉。节水灌溉是综合运用多种农业技术和管理手段进行调控，强调对水资源的合理利用，实现农业用水效率的提升。旱地灌溉是指在降水稀少的地区，采用工程调水和节水灌溉等一系列技术措施来保障干旱地区的灌溉。

同时，现代科技发展为"精准滴灌"提供了物质基础。想要实现科学合理利用水资源就必须运用各种技术进行调度，以达到合理使用水资源、节约用水并有效降低生产成本、改善生活环境质量及促进经济社会可持续发展的目标。按照水资源与社会经济协调发展的要求，目前我国节水产业已初步形成以"高效率、高效益"为特征的现代高效节能产业体系。

节水模式包括如下几个方面。一是节水管理。从农业经营角度看，主要是从构建水的经营与利用体系、调整经营方式等角度来调控农业用水的运行机制。要建立和完善与之相适应的水资源规划、定额标准和水权交易体系（陈娟，2016）。为使"以水定地"更好地实现，必须建立起一套科学、合理的用水决策机制和流程。在水利工程建设中，一方面是要积极争取当地政府对农田水利的财政支持，以国家农田水利建设为依托，在偏远地区推行"以工代赈"的措施，建立各种节水项目的平台，建立高效的节水灌溉模式（陈娟，2016），推动农田水利一体化建设；另一方面是要积极引进市场机制和社会资本，加强对水利工程的经营，配合专业的技术服务单位，提供水情测量和预报服务等。二是节水技术。在农学方面，节水的重点是要针对目前对水资源有高需求的农业结构展开适应性的调整，以调整作物结构为手段，在可调整的范围之内，增加耐旱型作物所占的比重，并对其种植区域进行优化，从而将耐旱型作物和需水量多的作物区别出来，引进高效节水作物，如架豆、彩椒等，并对其进行统一调度和管理。三是节水项目。在灌溉项目上，重点采用微喷灌溉、精准滴灌和涌泉灌溉等方法，推广和运用高效率、低能耗的灌溉技术；通过"以工代赈"的方式，建立多种高质量、高效率、节水型灌溉的示范模式。

节水模式在推行后可取得较大的效益。从社会效应来看，常规的地面沟灌、自流漫灌都需要对大面积的土地进行平整，由此带来的农田水利基本建设工作量非常大。而节水农业模式的应用，则是通过各种节水技术的运用，避免农田大面积耕种，大大降低了耕地的劳动强度，从而保证了农田大面积得到有效灌溉。同时，通过对节水技术的普及，可以促进与之相适应的技术进步，进而促进一个行业的发展。从经济效应来看，通过增加可供农业灌溉的耕地面积，以原计划水量灌溉更多土地，进而提高农业产出。此外，在注重节水的同时，节水模式还将通过农作物生长周期、生长需求等方面的综合改善，促进作物合理种植。通过调整作物结构、改良作物品种、提高用水效率来实现增产增收。就生态效应而言，过去效率低下的大水漫灌除了造成水资源的极大浪费外，极有可能造成盐碱化。同时，不合理的水资源利用，会导致用水量增长，从而引起地下水的过度开采以及过量的引水等一系列环境问题。采用节水技术对农田进行分区节水型灌溉，可以有效地控制农田的二次盐碱和沟渠的渗漏。过去，地广人稀、水利设施简陋、引水困难，农业的发展受到很大的影响。而对水资源进行有效的开发，则能确保地下水位、河流水量的充足，并能有效地维护周围的生态环境以及有效地防止土壤侵蚀。

3.3.2　立体种植的节地效应

立体种植，即充分利用立体空间的种植方式，是指在单位面积的土地或水域中（一定范围内）进行立体种植（李刚 等，2010）。在该模式中人为干预和投入，合理利用自然资源，加快物质转化，提高能量循环效率，从而提高产量，建立起多物种共栖、多层次循环的立体农业模式（李福洪 等，2011）。具体应用模式如南方的"稻—萍—渔"、北方的"四位一体生态农业模式"等（吴文良，2001）。立体种植在降低土地消耗、增加土壤养分和提高植物抗逆性等方面具有重要的意义。其主要优点是可以有效减少农药使用，提高土地利用率，节约土地资源，并且能够显著提高作物产量和品质。

立体种植模式具有如下特点。一是安全。包括产品安全和环境安全。因为在立体种植模式中，人为干预的因素只是有助于构建出不同物种因素之间的良性循环和联系，能够最大程度地发挥资源的利用率和使用效率，这不仅能够有效地降低生产成本，还能够提高农业的发展效率。而在该模式下所生产的产品不会有任何人造化学物质的加入，就能够达到完全的无公害或绿色食品的标准和相关的品质认证。二是高效。立体栽培模式注重材料的有效循环，加速物质的转换，充分挖掘水力、土地等资源，实现光、热的综合利用。通过人为干预，例如建立立体种植区的等级结构，合理配置物种，配置技术条件等，以增加资源的利用率。三是集约。通过采用新的技术措施让农产品从种植生产中脱离出来，由单一的耕作模式转变为综合的耕作、加工和流通，实现技术、物质、劳动和资金的全面整合，注重质量经营和整体综合效益。四是持续。立体种植模式中，多品种、高水平的设计和投资，使材料的循环更加合理。例如，在水田中养殖鱼、虾、蟹，可以代替农药防治病虫害，同时提高农民收入。农田环境得到改善，土壤和水体的生产力从而得到提高。

立体种植在有限的地域范围内，结合技术、劳动、资金等人为要素，充分发掘水土、光热等自然资源，以土地利用为核心构建了一系列多物种多层次的农业发展模式。

在社会效应方面，一是实现多物种共生循环的模式。农田生产活动的垂直扩展形成了一个多物种共生、多要素组合配置和可持续发展的循环型生态格局。它不仅有利于作物生产，而且有利于提高土地利用效率和人类福利。在一定范围内，可以针对各种作物的差异，利用它们在成长过程中的时间差，对套种、轮种和混种进行科学、合理的安排，对时间和空间进行最大程度的利用，从而确保农作物的高产。二是农业活动空间的竖向延伸促成了一个良好循环生态模式。该模型不仅有助于多个品种、多个元素的整合与分配，而且有助于提高空间的价值；既能保障水资源高效利用、按需索取和农业用地有序开发，又能提高农业生产效率、保护耕地质量并促进农田建设用地节约集约利用（宁玉科，2017）。

在经济效应方面，通过土地流转，可以增加对土地资源的利用，提高土地利用效率，减少占用土地，缓解人地矛盾和提升效益。目前我国农业发展出现了严重的产能过剩和粗放式经营问题，这与市场化和工业化发展水平不相适应。现阶段我国实行适度规模经营政策，通过大规模流转土地来扩大生产规模、提高劳动生产率、促进农民增收；同时实现集约化经营。目前，通过土地流转，不仅可以大规模地扩大种植面积，提高产量，而且还可以使农民在扩大种植面积的情况下，有更多的农民增收。

在生态效应方面，以"稻—萍—鱼"为代表的立体种植模拟自然界中的生物群落，在稻田中，生物群落的运动可使稻田的土壤疏松，其代谢物则可作为优良的有机肥料被稻田所利用，从而增强稻田的肥力。因此，在稻田中，生物群落的运动可以降低害虫、杂草的生长，减少农药、化肥的使用。合理使用农药化肥，既可以确保粮食增产、缓解粮食短缺问题，还可以减少对水土资源的破坏，达到生态与发展"共赢"的目的。

3.4 低碳农业的典型模式

目前，我国已在以发展社会效益、经济效益和生态效益为重点的低碳农业发展模式上进行了探索（翁伯琦 等，2010）。以"高产出，低投入，低消耗，低污染"为特征的新型低碳农业正在逐步发展壮大（周彦希，2012）。为了推动生态农业的发展，在2002年，农业部共收集了370多种生态农业模式和技术（罗文娟，2012），最具代表的生态农业模式包括：北方"四位一体"生态模式、南方"猪—沼—果"生态模式、平原农林牧复合生态模式等（陈晓娟，2008）。

3.4.1 "猪—沼—果"生态模式

"猪—沼—果"是21世纪初期农业部所倡导的一种典型的生态模式（吕新放，2014）。华南地区"猪—沼—果"是一种基于生态经济理论，运用系统工程理论，以沼气为纽带，将养殖业和种植业等相互关联起来的一种农业生态系统（曾积良 等，2011），它是一种以提高土地利用率和生产力为目标的新型农业发展方式。"猪—沼—果"的种植方式，是在果园最高处建牲畜和沼气池，并尽量向垂直方向靠拢，在地面上建屋、地下建设沼气装置，对果树进行自排沼液和浇灌。

该生态模式是以户为基本单元，大力推广沼气综合利用，即将人畜粪便和农村秸秆等废物送进沼气池进行发酵（闵师界，2011），生成沼气，为农户和畜舍提供沼气供暖和照明，从而解决生活用能问题。经处理后，产生的沼液及残留物可作为生物肥料用于农作物灌溉，达到改善农田生态、增加作物产量、增加产品质量的目的。其实质是通过增强原生菌的还原性作用，将农业产业与生态系统之间的循环紧密结合，从而实现能源循环、物质循环、废弃物资源化、土地改良等多个目标。沼液、沼渣中蕴含着大量的矿物质和多种营养素，作为肥料用来种植水果蔬菜，不仅没有污染，而且节约了肥料和农药的生产费用。而在饲料内添加沼液喂养的生猪生长周期短、增重快、出栏快，沼气灯可以诱杀蚊虫，能够保证猪场清洁和生猪的健康，提高生产力。"猪—沼—果"型农业，以人、动物排泄物为原料，以其为基本生活能量及生产性饲料，降低化肥农药用量，实现土地与生态、环保与经济效益双赢的可持续发展；对废物进行灵活的处理，并通过技术方法得到了可以供人们使用的沼气，从而降低了矿物能源的消费和对环境的污染。

3.4.2　"四位一体"生态模式

"四位一体"生态农业模式是一种以太阳能为能源，以沼气为纽带，以沼气池为基础，通过对沼气池、日光温室、家畜饲养场、农户厕所等的有机组合（王再兴 等，2007），构成了一套完整的、完全封闭式的、可持续的、可再生的生态系统。在这种生态农业模式中，发酵产物的回收与整体使用是整个系统中的核心。"四位一体"模式中，每一重要环节的功能发挥都以沼气池为中心，将人和动物的排泄物送入沼气池进行发酵。对人畜废弃物进行综合利用，是生态农业的重要组成部分，它既可以将多余的能量和资源进行有效的利用，又可以同时满足生活燃料、养殖所需要的饲料以及栽培所需要的化肥。这种能源和物流循环较快的农村能源生态系统工程是能够促进农村经济发展、提高人民生活质量的关键技术措施（夏蕾，2010）。

在"四位一体"的生态农业模式中，利用沼气为农户做饭、照明等提供所需的能源（贺晓燕，2005）。而沼气燃烧所产生的热量以及大量的CO_2，可以被应用到大棚温室作物的生长。在大棚中点燃沼气炉，不仅可以增加大棚中的温度，还可以为蔬菜供应CO_2，从而确保蔬菜的生长以及质量的提升。此外，以沼气取代燃煤作为加热的能源，用于供热、培育幼苗、孵蛋、养蚕等。同时，沼气同样可用作储藏和保鲜果蔬。沼液和沼渣可以作为化肥使用。其中富含氮、磷、钾和微量元素的沼液在调节作物生长发育及防治病虫害等方面均有明显的作用。沼渣主要是由尚未完全降解的原始固形物和新生成的微生物构成，富含有机质、腐殖酸、全氮、全磷、全钾等多种养分（刘德源，2010），且易于被作物吸收和使用。施用沼肥不但可以明显地提高蔬菜的产量和质量，而且还可以改良土壤，减少容重，推动土壤资源的可持续发展。

3.4.3　平原农林牧复合生态模式

农、林、牧复合的生态模式，在时间和空间上相互补充，使两种或多种产业结合在一起，构成一种综合型的生态系统（李波 等，2021）。所谓接口技术（Interface Technology），是指连接物质循环与不同产业或组合间的能量转换的技术。比如，以饲料供给养殖业的种植业，以化肥供给种植业的养殖业。在这些技术中，秸秆转化饲料技术的使用、粪污发酵沼气的使用、有机肥的生产技术等都属于可持续发展的平原农林畜牧业的一项重要技术。

通过构建包含粮食作物、经济作物、饲料饲草作物三元循环结构发展模式，将耕地、林地、草地和水紧密相连（程碧海，2009），并利用这三个方面的优势发展农牧果渔业。在农林牧复合生态系统中，要进行严谨的规划，通过沟渠、道路的网格化、农田林网的构建，可以确保平原种植业的生产不受到大范围自然灾害的影响，以确保粮食的产量。在生态屏障建设过程中，通过对土壤的固化，保证草原的正常发育，从而推动了畜牧业的发展。片林建设以杨树为主要树种，其生长周期短，生长速度快，是实现林木丰产的重要保障。利用立体种植技术，可以将经济作物、蔬菜、药材等与果园配套种植，提高种植业的整体效率。在防护林网建成之后，采用配套的节水灌溉技术，可以对土壤进行涵养，防治土壤的侵蚀和盐碱化。规模化农场产生的家畜排泄物，不仅可以制成有机肥料，还可用于粮食的种植，提高土地的肥力，降低使用的化学药品。多物种的有机分布，在加速物质循环和转化的同时，还可以增加生态系统内的物种多样性，从而更好地促进低碳农业的发展。

第 4 章

西部地区农业发展概述

西部地区是我国生态较为脆弱并且相较于中东部经济欠发达地区，国土面积占全国的75%，根据相关研究（陈蕊 等，2022）的划分方法，西部地区包含新疆、内蒙古、青海、宁夏、甘肃、陕西、西藏、四川、重庆、广西、贵州和云南12个省份。前6个省份为西北地区，后6个省份为西南地区。

4.1 西部地区范围

我国西部地区由于腹地广袤、资源丰富，在21世纪已逐渐成为中国甚至是整个世界的一个具有重大战略意义的地区，同时也是最具发展潜能的地区之一。我国西部的农业、能源、矿产等资源十分充裕，且具有较好的组合，不仅是一座还没有被广泛开采的全球资源宝库，也是21世纪国家重点的能源接替地区，同时又是中国重要的粮食和畜牧业生产基地以及发展重工业、石油产业的重要战略基地。但是，由于西部地区是我国的一道重要的生态屏障，其大部分地区都处于生态环境的脆弱性区域，其中高寒地区、荒漠地区、黄土地区和喀斯特地区是最突出的四个脆弱性区域。以简单的资源消费为主导，不断追求经济快速增长的方式，对资源的可持续开发越来越构成了威胁。

我国西南地区由云南、贵州、广西、四川、重庆、西藏组成，山地较多，平地较少，粮食无法满足需求，生产环境（特别是水土资源）较少，严重制约了我国西南地区的可持续发展。过度采伐导致土壤侵蚀加剧，其中以四川丘陵山区和云南西边澜沧和南涧地区开垦比例较高，且以红水河流域泥沙含量为世界第二。在中国，以贵州和云南岩溶地区为代表，在此基础上，选取了具有典型意义的4种农业可持续发展方式：四川乐至县龙门乡山地农业可持续发展方式，云南宣城市靖外乡的云南地区的山区农业保险制度，贵州省平坝县喀斯特分布格局，广西马山县喀斯特分布格局。

　　我国西北地区由陕西、甘肃、宁夏、青海、新疆、内蒙古组成，目前，西北地区从事农林牧渔的劳动力占比较高，占总劳动力的 78.01%（李周 等，2010）。该地区地域辽阔、地形复杂，包括黄土高原、青藏、内蒙古等地区，以及 1.33 亿公顷的草地，以及大片的沙漠、丘陵、河谷等。该地区的气候以温暖、干旱、半干旱、日照时间最长，可达到 2600 小时/年。它不仅是一个多民族地区，而且是一个重要的矿藏、水电、能源开发基地。但是其农业发展存在许多限制因素，如降水稀少且不均匀，年降水量只有 500～600 毫米，年降水量 350 毫米的黄土高原干旱农业是我国西北地区的主体，其分布面广泛，发展程度较差；土壤侵蚀严重，土地沙化、草地退化、干旱频发，其中 80% 以上的农田都是以中下产为主，而且贫困率较高（图 4.1）。

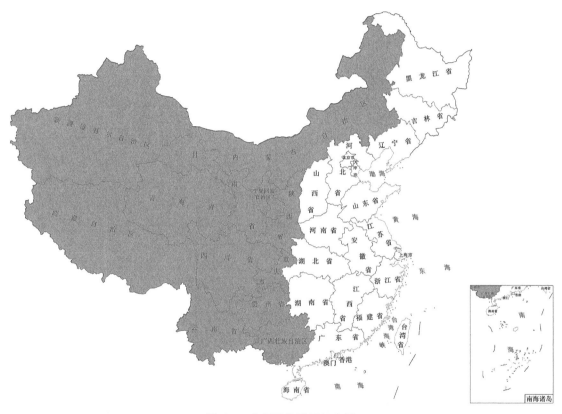

图 4.1　中国西部地区示意图

注：本图基于自然资源部标准地图服务网站下载的审图号为 GS（2020）4630 的标准地图制作，底图无修改

4.2　西部地区异质性分析

　　我国西部地区是长江和黄河的发源地，国土广袤、物产丰饶，占全国国土面积的 56%，人口占 23%，虽然在我国的经济发展中处于劣势，但是其具有独特的生态优势和独特的区位优势，是我国"中国的生态安全屏障"的重要组成部分。西部地区异质性主要体现在以

下几个方面：

第一，生态环境较为脆弱。中国西部地区广袤无垠，具有丰富的自然资源和多样的地质特征，加之长期的人为因素，导致了环境的各种变化，最终造成了不同的生态系统和不同的脆弱性区域，这些脆弱性因素包括地带性、非地带性、内生、外生、现代、历史和人为因素。按照影响生态脆弱区的要素组成，可以将其归纳为两种类型，一种是先天自然因素，一种是后天人为因素。其中，先天自然因素主要有基质和动能。基质是生态环境的物质基础，而动能则是其产生和发展的动力来源。在我国西部地区，由于人为因素的影响，导致了该地区的生态环境的演化。气候脆弱性因素主要是由光、热、水的数量与变化以及它们之间的相互配合构成的。比如，自然环境的异常变化，如持续干旱、寒冷、大风侵蚀、暴雨、地震、天然火灾和病虫害等，通常会对其他因素造成影响，甚至是对环境的总体影响，这些都是造成生态脆弱的因素。干旱和半干旱限制了植被的生长，引起了植被的凋零和死亡，从而引起了荒漠区的生态环境的脆弱。我国是一个具有较大变化的季风地区。冬天干燥、寒冷、强烈的西北大风，对地表土壤的冲刷和对沙地的冲刷，使沙地的沙化程度更加严重。特别是在我国西北干旱区，由于降雨的年际与季节性的交替变化，导致土壤含水量的严重缺乏，从而造成了农作物产量的下降或草原生物量的下降，进而加剧了土地沙化。比如，科尔沁沙地表层的松散沙质对土壤沙化有促进作用，这些地区其风速高于 5 米/秒，且风旱同季的特征，是土壤沙化扩散的自然驱动因素，其中降雨对土壤沙化过程的影响占主导地位。而其脆弱性则与气候和地形要素的匹配程度有一定的相关性。如降水量大而又集中，在陡峭地带容易产生泥石流、山体崩塌，在凹陷地带容易产生内涝等。此外，同一种影响因素对各种环境的响应也是不一样的。高强度的降雨引发了坡面的土壤侵蚀，造成了坡面的退化。而在沙质草地地区，由于其较高的渗透能力，降雨可将其浸润到较深的土壤中，从而提高其水分状况，有利于植物的生长和修复。

我国西部的生态脆弱区是一个干旱缺水、水土流失严重、土地荒漠化、自然灾害频发的地区，并且呈现出不断加剧的态势，目前还没有得到有效的控制。其损害的规模不断增大，损害的程度不断增加。主要体现为：长江和黄河等主要河流的发源地，流域内的主要湖泊和湿地日益萎缩，尤其是西北地区河流断流，湖泊干涸，地下水位下降，植被退化，土地沙化，水土流失，洪水泛滥；在我国西北地区，由于过度放牧、过度开垦，以及对有林地和多林地的过度开采，导致了森林、草地的退化，加剧了土壤侵蚀的严重程度；矿山开采，特别是沿江开采，泥石流、地面塌陷、沉降等地质灾害时有发生；在我国西部地区，土壤沙漠化的不断扩大，对我国的经济和社会的可持续发展以及我国的生态环境造成了很大的威胁。

第二，资源逐渐枯竭。在中国的西部，特别是在生态环境比较差的区域，资源的消耗与枯竭已经成为制约西部地区经济发展的主要因素之一。支持资源开采基础的生态环境极其脆弱，制约资源利用的各种自然灾害频发，人为因素导致的土地沙漠化、草原退化、河流湖泊水质恶化、生物多样性下降等一系列的生态环境问题越来越突出，这些问题表现出了一个整体的脆弱以及不断恶化，这对以资源基地建设为核心的西部地区的经济发展模式产生了巨大的冲击。在我国面临着资源短缺、人口数量大和粮食安全等一系列重要问题的同时，加强西部地区的生态环境建设，对于减轻我国的社会和经济发展的压力具有重要意义。生态环境的形成与演化，除了与其所处的生态构成要素有关外，还与其所处的资源开采、人为的活动等密切联系。没有资源和环境因素，人就没有能存活下去和发展的基础。人们对天然资源的开采与利用，使其得到了充分的利用，同时也使其得到了良好的发展。而自然资源本身的质量与数量分布对人类的生活与发展有着重要的影响。在这个过程中，人类活动是这种人与自然关系的主导。当人类活动与资源的环境承受力和可持续发展相适应时，就会形成一个良性的循环。如果没有得到合理的开发，那么，生态环境将会呈现出一种逆向演替的趋势，朝着对人们的生活和发展不利的方向发展，并会在植被类型的改变中得到体现，从而造成了生态脆弱区的形成。

对生态系统的不合理使用有以下几个方面：①对生态系统的过度开垦，常造成生态系统的脆弱性。比如，20世纪60年代，科尔沁地区因为片面追求粮食的高产，在沙丘上进行了大规模的开垦，造成了对当地生态环境的极大破坏。②草场的过度放牧。由于我国农业和畜牧业的发展，畜牧业的规模越来越大，导致了草原的长期超负荷。过重的放牧与草地的过度开发使其生态系统变得十分脆弱。根据对宁夏地区盐池草原的调研，发现放牧绵羊仅占草原可承载牲畜的50%以上，草原退化成了移动的沙地。③过分伐木。随着我国人口的不断增加，我国的能源短缺问题日益凸显和严重。由于农户的过分砍伐，使土壤失去了可持续发展的潜力，从而形成了一个生态脆弱区。挖掘和采集药材也是造成区域生态脆弱的重要原因之一。④不科学地长时间持续不断地灌水。在长期的灌溉条件下，地下水不断升高，造成了土壤的盐碱化。⑤发展矿井。煤矿开采引起地表土壤扰动，植被受到破坏。⑥工业和农业领域的环境问题。主要包括电镀、铸造和化工等工业生产过程中产生的环境污染和化肥、农药和农膜等过度施用造成的环境污染。

第三，西部地区经济相对落后。中国西部的发展存在着两个问题，一是与发达区域的国民经济、社会发展指数存在较大的差异；二是西部地区的经济发展极不均衡，相对贫困地区众多。对以粮食、棉花、木材、石油、煤炭等基本资源为主导资源的西部省份来说，"市场萎缩"和"效益外溢"（人才、资本和资源外溢）对其发展产生了"瓶颈"。目前的人口状况主要表现为低密度、低质量和低城市化率；在该地区，土壤沙化的特点表现为：以西北部干旱严重、沙化严重、植被毁坏严重、矿产资源丰富为特点；西南地区虽拥有丰富的水资源和林业资源，但是贫困人口比重较大。随着人类生活水平的不断提高，人类的生存环境日益受到威胁。它不仅加大了我国西部大开发的难度和阻力，同时又为西部地区的发展带来了机遇。它不仅能产生巨大的潜力，带来巨大的工作岗位，还能拉动国内需求，为我国的经济开辟新的增长空间；也可以在能源、原材料日益紧缺的今天，为可持续发展提供重要的能源、原材料保障。

可持续发展不仅是一个普遍的国际行动规范，也是一个学术研究的焦点，然而区域经济的可持续发展受到了生态系统脆弱程度的限制。西部地区的生态环境较为脆弱以及经济相对落后，现代化农业发展较弱，传统型的农业发展方式致使西部地区的生态环境承载力与可持续发展之间的矛盾凸显，同时，中国的西部大部分地区都是在生态环境比较脆弱的地区，所以，对西部地区农业碳排放进行科学的研究，不仅在学术上有重要价值，而且在实际中也有着广泛的实际意义。

4.3　西部地区各省份农业发展现状

4.3.1　陕西省

2021 年年末陕西省常住人口为 3954 万人。其中农村人口为 1438 万人，占总人口的 36.37%；城镇人口为 2516 万人，城镇化率为 63.63%，全国平均城镇化率为 64.72%，总体低于全国平均水平。其中人口出生率为 7.89%，人口死亡率为 7.38%，农林牧渔从业人数为 611 万人。

根据陕西省农村居民的收入情况，2021 年陕西省农村居民的人均可支配收入为 14744.8 元，相较于 2020 年增加了 10.73%，但全国农村居民人均可支配收入为 18930.9 元，低于全国人均水平。陕西省农村居民人均消费支出为 13158.0 元，相较于 2020 年增加了 16.67%。

根据陕西省第一产业的产值来看，2021 年陕西省农林牧渔总产值为 4313.4 亿元。其中以农业为主，产值为 3035.6 亿元，占农林牧渔总产值的 70.38%；畜牧业次之，产值为 917.8 亿元，占农林牧渔总产值的 21.28%。

4.3.2　甘肃省

2021 年年末甘肃省常住人口为 2490 万人。其中农村人口为 1162 万人，占总人口的 46.67%；城镇人口为 1328 万人，城镇化率为 53.33%，全国平均城镇化率为 64.72%，总体低于全国平均水平。其中人口出生率为 9.68%，人口死亡率为 8.26%，农林牧渔从业人数为 580 万人。

根据甘肃省农村居民的收入情况，2021 年甘肃省农村居民的人均可支配收入为 11432.8 元，相较于 2020 年增加了 10.52%，但全国农村居民人均可支配收入为 18930.9 元，低于全国人均水平。甘肃省农村居民人均消费支出为 17465.2 元，相较于 2020 年增加了 7.92%。

根据甘肃省第一产业的产值来看，2021 年甘肃省农林牧渔总产值为 2439.5 亿元。其中以农业为主，产值为 1623.2 亿元，占农林牧渔总产值的 66.54%；畜牧业次之，产值为 619.9 亿元，占农林牧渔总产值的 25.41%。

4.3.3　青海省

2021 年年末青海省常住人口为 594 万人。其中农村人口为 232 万人，占总人口的 39.06%；城镇人口为 362 万人，城镇化率为 60.94%，全国平均城镇化率为 64.72%，总体低于全国平均水平。其中人口出生率为 11.22%，人口死亡率为 6.91%，农林牧渔从业人数为 69 万人。

根据青海省农村居民的收入情况，2021 年青海省农村居民的人均可支配收入为 13604.2 元，相较于 2020 年增加了 10.22%，但全国农村居民人均可支配收入为 18930.9 元，低于全国人均水平。青海省农村居民人均消费支出为 13300.2 元，相较于 2020 年增加了 9.61%。

根据青海省第一产业的产值来看，2021 年青海省农林牧渔总产值为 528.5 亿元。其中以畜牧业为主，产值为 298.6 亿元，占农林牧渔总产值的 56.49%；农业次之，产值为 204.7 亿元，占农林牧渔总产值的 38.74%。

4.3.4 宁夏回族自治区

2021 年年末宁夏回族自治区常住人口为 725 万人。其中农村人口为 246 万人，占总人口的 33.93%，城镇人口为 479 万人，城镇化率为 66.07%，全国平均城镇化率为 64.72%，总体高于全国平均水平。其中人口出生率为 11.62%，人口死亡率为 6.09%，农林牧渔从业人数为 81 万人。

根据宁夏回族自治区农村居民的收入情况，2021 年宁夏回族自治区农村居民的人均可支配收入为 15336.6 元，相较于 2020 年增加了 10.42%，但全国农村居民人均可支配收入为 18930.9 元，低于全国人均水平。宁夏回族自治区农村居民人均消费支出为 13535.7 元，相较于 2020 年增加了 15.45%。

根据宁夏回族自治区第一产业的产值来看，2021 年宁夏回族自治区农林牧渔总产值为 759.8 亿元。其中以农业为主，产值为 412.7 亿元，占农林牧渔总产值的 54.32%；畜牧业次之，产值为 280.7 亿元，占农林牧渔总产值的 36.94%。

4.3.5 新疆维吾尔自治区

2021 年年末新疆维吾尔自治区常住人口为 2589 万人。其中农村人口为 1107 万人，占总人口的 42.76%，城镇人口为 1482 万人，城镇化率为 57.24%，全国平均城镇化率为 64.72%，总体低于全国平均水平。其中人口出生率为 6.16%，人口死亡率为 5.60%，农林牧渔从业人数为 455 万人。

根据新疆维吾尔自治区农村居民的收入情况，2021 年新疆维吾尔自治区农村居民的人均可支配收入为 15575.3 元，相较于 2020 年增加了 10.81%，但全国农村居民人均可支配收入为 18930.9 元，低于全国人均水平。新疆维吾尔自治区农村居民人均消费支出为 12821.4 元，相较于 2020 年增加了 18.96%。

根据新疆维吾尔自治区第一产业的产值来看，2021 年新疆维吾尔自治区农林牧渔总产值为 5143.1 亿元。其中以农业为主，产值为 3489.0 亿元，占农林牧渔总产值的 67.84%；畜牧业次之，产值为 1265.7 亿元，占农林牧渔总产值的 24.61%。

4.3.6 内蒙古自治区

2021 年年末内蒙古自治区常住人口为 2400 万人。其中农村人口为 763 万人，占总人口的 31.79%，城镇人口为 1637 万人，城镇化率为 68.21%，全国平均城镇化率为 64.72%，总体高于全国平均水平。其中人口出生率为 6.26%，人口死亡率为 7.54%，农林牧渔从业人数为 422 万人。

根据内蒙古自治区农村居民的收入情况，2021 年内蒙古自治区农村居民的人均可支配收入为 18336.8 元，相较于 2020 年增加了 10.68%，但全国农村居民人均可支配收入为 18930.9 元，低于全国人均水平。内蒙古自治区农村居民人均消费支出为 15691.4 元，相较于 2020 年增加了 15.43%。

根据内蒙古自治区第一产业的产值来看，2021 年内蒙古自治区农林牧渔总产值为 3815.1 亿元。其中以农业为主，产值为 1879.6 亿元，占农林牧渔总产值的 49.27%；畜牧业次之，产值为 1755.3 亿元，占农林牧渔总产值的 46.01%。

4.3.7　广西壮族自治区

2021 年年末广西壮族自治区常住人口为 5037 万人。其中农村人口为 2263 万人，占总人口的 44.93%，城镇人口为 2774 万人，城镇化率为 55.07%，全国平均城镇化率为 64.72%，总体低于全国平均水平。其中人口出生率为 9.68%，人口死亡率为 6.80%，农林牧渔从业人数为 842 万人。

根据广西壮族自治区农村居民的收入情况，2021 年广西壮族自治区农村居民的人均可支配收入为 16362.9 元，相较于 2020 年增加了 10.45%，但全国农村居民人均可支配收入为 18930.9 元，低于全国人均水平。广西壮族自治区农村居民人均消费支出为 14165.3 元，相较于 2020 年增加了 13.95%。

根据广西壮族自治区第一产业的产值来看，2021 年广西壮族自治区农林牧渔总产值为 6524.4 亿元。其中以农业为主，产值为 3690.7 亿元，占农林牧渔总产值的 56.57%；畜牧业次之，产值为 1437.6 亿元，占农林牧渔总产值的 22.03%。

4.3.8　重庆市

2021 年年末重庆市常住人口为 3212 万人。其中农村人口为 953 万人，占总人口的 29.67%，城镇人口为 2259 万人，城镇化率为 70.33%，全国平均城镇化率为 64.72%，总体高于全国平均水平。其中人口出生率为 6.49%，人口死亡率为 8.04%，农林牧渔从业人数为 366 万人。

根据重庆市农村居民的收入情况，2021 年重庆市农村居民的人均可支配收入为 18099.6 元，相较于 2020 年增加了 10.62%，但全国农村居民人均可支配收入为 18930.9 元，低于全国人均水平。重庆市农村居民人均消费支出为 16095.7 元，相较于 2020 年增加了 13.83%。

根据重庆市第一产业的产值来看，2021 年重庆市农林牧渔总产值为 2935.6 亿元。其中以农业为主，产值为 1759.9 亿元，占农林牧渔总产值的 59.95%；畜牧业次之，产值为 804.2 亿元，占农林牧渔总产值的 27.39%。

4.3.9　四川省

2021 年年末四川省常住人口为 8372 万人。其中农村人口为 3531 万人，占总人口的 42.18%，城镇人口为 4841 万人，城镇化率为 57.82%，全国平均城镇化率为 64.72%，总体低于全国平均水平。其中人口出生率为 6.85%，人口死亡率为 8.74%，农林牧渔从业人数为 1506 万人。

根据四川省农村居民的收入情况，2021 年四川省农村居民的人均可支配收入为 17575.3 元，相较于 2020 年增加了 10.33%，但全国农村居民人均可支配收入为 18930.9 元，低于全国人均水平。四川省农村居民人均消费支出为 16444.0 元，相较于 2020 年增加了 9.97%。

根据四川省第一产业的产值来看，2021 年四川省农林牧渔总产值为 9383.3 亿元。其中以农业为主，产值为 5089.5 亿元，占农林牧渔总产值的 54.24%；畜牧业次之，产值为

3305.3 亿元，占农林牧渔总产值的 35.23%。

4.3.10　贵州省

2021 年年末贵州省常住人口为 3852 万人。其中农村人口为 1759 万人，占总人口的 45.66%，城镇人口为 2093 万人，城镇化率为 54.34%，全国平均城镇化率为 64.72%，总体低于全国平均水平。其中人口出生率为 12.17%，人口死亡率为 7.19%，农林牧渔从业人数为 618 万人。

根据贵州省农村居民的收入情况，2021 年贵州省农村居民的人均可支配收入为 12856.1 元，相较于 2020 年增加了 10.43%，但全国农村居民人均可支配收入为 18930.9 元，低于全国人均水平。贵州省农村居民人均消费支出为 12557.0 元，相较于 2020 年增加了 16.08%。

根据贵州省第一产业的产值来看，2021 年贵州省农林牧渔总产值为 4692.0 亿元。其中以农业为主，产值为 3123.7 亿元，占农林牧渔总产值的 66.58%；畜牧业次之，产值为 959.0 亿元，占农林牧渔总产值的 20.44%。

4.3.11　云南省

2021 年年末云南省常住人口为 4690 万人。其中农村人口为 2296 万人，占总人口的 48.96%，城镇人口为 2394 万人，城镇化率为 51.04%，全国平均城镇化率为 64.72%，总体低于全国平均水平。其中人口出生率为 9.35%，人口死亡率为 8.12%，农林牧渔从业人数为 1187 万人。

根据云南省农村居民的收入情况，2021 年云南省农村居民的人均可支配收入为 14197.3 元，相较于 2020 年增加了 10.55%，但全国农村居民人均可支配收入为 18930.9 元，低于全国人均水平。云南省农村居民人均消费支出为 12386.3 元，相较于 2020 年增加了 11.90%。

根据云南省第一产业的产值来看，2021 年云南省农林牧渔总产值为 6351.8 亿元。其中以农业为主，产值为 3441.5 亿元，占农林牧渔总产值的 54.18%；畜牧业次之，产值为 2113.3 亿元，占农林牧渔总产值的 33.27%。

4.3.12　西藏自治区

2021 年年末西藏自治区常住人口为 366 万人。其中农村人口为 232 万人，占总人口的 63.39%，城镇人口为 134 万人，城镇化率为 36.61%，全国平均城镇化率为 64.72%，总体低于全国平均水平。其中人口出生率为 14.17%，人口死亡率为 5.47%，农林牧渔从业人数为 69 万人。

根据西藏自治区农村居民的收入情况，2021 年西藏自治区农村居民的人均可支配收入为 16932.3 元，相较于 2020 年增加了 15.99%，但全国农村居民人均可支配收入为 18930.9 元，低于全国平均水平。西藏自治区农村居民人均消费支出为 10576.6 元，相较于 2020 年增加了 18.61%。

根据西藏自治区第一产业的产值来看，2021 年西藏自治区农林牧渔总产值为 255.3 亿元，其中以畜牧业为主，产值为 129.3 亿元，占农林牧渔总产值的 50.65%；农业次之，产值为 115.3 亿元，占农林牧渔总产值的 45.16%。

第5章

西部地区农业碳排放时序特征

本章主要从作物种植、牲畜养殖以及农业物资投入三大方面对农业碳排放进行测算，测算西部地区总体及各省域的农业碳排放量，覆盖 2012—2021 年数据，并通过计算碳排放增长率，对西部地区农业碳排放的时序特征进行分析。

5.1　研究方法

本研究参照我国《省级温室气体清单编制指南（试行）》（以下简称《温室气体指南》）、美国橡树岭国家实验室和 IPCC 发布的碳排放系数法。本研究农业碳排放源包括三类：一是作物种植，二是牲畜养殖，三是农业物资投入。作物种植主要从水稻、小麦、玉米、大豆、棉花和蔬菜方面考虑；牲畜养殖主要从牛、羊、猪、马、驴、骡和骆驼方面考虑；农用物资投入主要从化肥、农药、农膜柴油、翻耕面积和灌溉面积考虑。参考前人研究方法，以细分项碳源乘以排放系数后相加即得农业碳排放总量。测算所需的排放因子主要参考胡永浩等（2023）、闵继胜等（2012）的研究成果（表 5.1 ~ 表 5.3）。

$$C = \sum C_i = \sum T_i \times \delta_i \qquad (5.1)$$

式中，C 为农业碳排放总量，C_i 为各源类碳排放量，T_i 为各源类消耗量，δ_i 为各源类碳排放系数。

表 5.1　西部地区农业碳排放碳源和排放系数

碳源		排放系数
农业物资投入	化肥	0.8956 千克（C）/千克
	农药	4.9341 千克（C）/千克
	农膜	5.18 千克（C）/千克

碳源		排放系数
农业物资投入	柴油	0.5927 千克（C）/千克
	翻耕	312.6 千克（C）/公顷
	灌溉	266.48 千克（C）/公顷
作物种植	水稻	0.24 千克（N_2O）/公顷
	春小麦	0.4 千克（N_2O）/公顷
	冬小麦	1.75 千克（N_2O）/公顷
	玉米	2.532 千克（N_2O）/公顷
	大豆	2.29 千克（N_2O）/公顷
	棉花	0.95 千克（N_2O）/公顷
	蔬菜	4.944 千克（N_2O）/公顷

由于水稻分为早稻、晚稻和中季稻，且不同地区的碳排放系数各不相同，为了西部地区农业碳排放总量测算的准确性，根据表 5.2 的碳排放系数进行测算。

表 5.2　西部地区水稻生长周期内的 CH_4 排放系数

地区	早稻/（克/米^2）	晚稻/（克/米^2）	中季稻/（克/米^2）
内蒙古	0.00	0.00	8.93
广西	12.41	49.10	47.78
重庆	6.55	18.50	25.73
四川	6.55	18.50	25.73
贵州	5.10	21.00	22.05
云南	2.38	7.60	7.25
西藏	0.00	0.00	6.83
陕西	0.00	0.00	12.51
甘肃	0.00	0.00	6.83
青海	0.00	0.00	0.00
宁夏	0.00	0.00	7.35
新疆	0.00	0.00	10.50

牲畜养殖中包括肠道发酵和粪便管理两部分，不同的牲畜排放系数也各不相同，具体排放系数见表 5.3。

表 5.3　西部地区各类牲畜品种的碳排放系数

碳源	肠道发酵	粪便管理	
	CH_4/（千克/（头·年））	CH_4/（千克/（头·年））	N_2O/（千克/（头·年））
奶牛	68.00	16.00	1.00

碳源	肠道发酵	粪便管理	
	CH_4/(千克/(头·年))	CH_4/(千克/(头·年))	N_2O/(千克/(头·年))
其他牛	47.00	1.00	1.39
骡	10.00	0.90	1.39
骆驼	46.00	1.92	1.39
马	18.00	1.64	1.39
驴	10.00	0.90	1.39
猪	1.00	4.00	0.53
山羊	5.00	0.17	0.33
绵羊	5.00	0.15	0.33

5.2 数据来源

本书数据来自 2013—2022 年《中国统计年鉴》《中国农村统计年鉴》，利用该数据测算了西部地区 12 个省份的农业碳排放。其中，化肥（折纯量）、农药、农膜及农用柴油的数据均采用实际使用量，以所有粮食作物实际种植的有效面积作为农业翻耕面积，灌溉面积采用实际有效灌溉面积。

5.3 西部地区农业碳排放时序特征

5.3.1 西部地区总体时序特征

西部地区农业碳排放 2012—2015 年呈上升趋势，2016—2019 年呈下降趋势，2020—2021 年呈回升趋势（表 5.4）。根据碳源分类来看，作物种植的农业碳排放占西部地区总体农业碳排放较低，农业物资投入次之，牲畜养殖最大。

表 5.4 2012—2021 年西部地区农业碳排放量构成及增速

年份	作物种植		牲畜养殖		农业物资投入		合计	
	排放量/万吨	增速/%	排放量/万吨	增速/%	排放量/万吨	增速/%	排放量/万吨	增速/%
2012	6243.79	—	16714.19	—	10664.57	—	33622.55	—
2013	6315.69	1.15	16807.74	0.56	11010.84	3.25	34134.27	1.52

年份	作物种植		牲畜养殖		农业物资投入		合计	
	排放量/万吨	增速/%	排放量/万吨	增速/%	排放量/万吨	增速/%	排放量/万吨	增速/%
2014	6364.46	0.77	17302.15	2.94	11468.82	4.16	35135.43	2.93
2015	6378.48	0.22	17535.47	1.35	11713.16	2.13	35627.10	1.40
2016	6357.98	-0.32	17310.03	-1.29	11806.31	0.80	35474.32	-0.43
2017	6240.49	-1.85	17302.14	-0.05	11589.37	-1.84	35131.99	-0.96
2018	6200.81	-0.64	17126.26	-1.02	11226.71	-3.13	34553.78	-1.65
2019	6190.07	-0.17	16548.89	-3.37	10933.11	-2.62	33672.07	-2.55
2020	6264.19	1.20	18208.09	10.03	10721.39	-1.94	35193.67	4.52
2021	6300.89	0.59	20811.76	14.30	10731.84	0.10	37844.49	7.53

作物种植碳排放在 2012—2015 年呈上升趋势；2016—2019 年呈下降趋势；2020—2021 年呈上升趋势。主要原因是水稻种植产生的碳排放是作物种植碳排放的主要来源，而水稻种植面积从 2015 年后开始下降，因此，在 2015 年后西部地区作物种植产生的碳排放开始减少。牲畜养殖碳排放在 2012—2021 年呈现相对稳定趋势，由于西北地区具有高海拔等特点，在高原地区利用农地种植相对有限，主要以牲畜养殖为主，因此，西部地区牲畜养殖产生的碳排放并不具有在某一阶段大幅降低或上升的特性。农业物资投入碳排放在 2012—2016 年呈上升趋势，2017—2020 年呈下降趋势，2021 年出现回升态势。

5.3.2 陕西省

陕西省农业碳排放总体呈现上升趋势（表 5.5），2021 年陕西省农业碳排放量为 2176.92 万吨，相较于 2012 年净增加了 26.67 万吨，增幅为 1.24%。其中，2021 年陕西省作物种植、牲畜养殖和农业物资投入分别导致了 262.51 万吨、815.00 万吨和 2176.92 万吨碳排放，分别占农业碳排放总量的 12.06%、37.44% 和 50.50%。农业物资投入产生的碳排放最多，10 年间始终占据 50% 以上，主要是农膜、柴油的使用以及灌溉土地造成的碳排放。

陕西省农业碳排放在近几年主要呈现以下特征：2012—2018 年陕西省农业碳排放维持在 2145 万吨左右，2017—2019 年农业碳排放整体处于下降阶段，其中 2019 年相较于上一年降幅最大，达到了 4.99%。前些年并未出现明显下降的原因是陕西省大力发展农业经济，导致农业物资投入力度加大，种植业规模加大，从而导致陕西省农业碳排放一直处于相对稳定阶段。后几年农业碳排放相对较低是由于党的十九大报告明确提出中国特色社会主义进入新时代，我国社会主要矛盾已经转化为人民日益增长的美好生活需要和不平衡不充分的发展之间的矛盾，生态文明建设显得至关重要。在这一时期，陕西省响应国家号召，出台了一系列促进农业绿色低碳发展的措施，效果十分显著，因此，在这一时期农业碳排放相较之前略有下降。

表 5.5　2012—2021 年陕西省农业碳排放量构成及增速

年份	作物种植		牲畜养殖		农业物资投入		合计	
	排放量/万吨	增速/%	排放量/万吨	增速/%	排放量/万吨	增速/%	排放量/万吨	增速/%
2012	269.26	—	687.57	—	1193.42	—	2150.25	—
2013	268.21	-0.39	678.77	-1.28	1215.68	1.87	2162.67	0.58
2014	265.47	-1.02	698.93	2.97	1180.80	-2.87	2145.20	-0.81
2015	267.84	0.89	682.18	-2.40	1193.36	1.06	2143.38	-0.08
2016	268.30	0.17	672.84	-1.37	1201.08	0.65	2142.23	-0.05
2017	255.60	-4.73	708.63	5.32	1200.85	-0.02	2165.08	1.07
2018	256.52	0.36	701.19	-1.05	1191.04	-0.82	2148.75	-0.75
2019	257.92	0.55	677.36	-3.40	1106.34	-7.11	2041.62	-4.99
2020	260.09	0.84	707.71	4.48	1107.95	0.15	2075.74	1.67
2021	262.51	0.93	815.00	15.16	1099.41	-0.77	2176.92	4.87

5.3.3　甘肃省

甘肃省农业碳排放总体呈现上升趋势（表 5.6），2021 年甘肃省农业碳排放量为 2717.02 万吨，相较于 2012 年净增加了 198.52 万吨，增幅为 7.88%。其中，2021 年甘肃省作物种植、牲畜养殖和农业物资投入分别导致 177.09 万吨、1698.17 万吨和 841.77 万吨碳排放，分别占农业碳排放总量的 6.52%、62.50% 和 30.98%。牲畜养殖产生的碳排放最多，10 年间始终占据 50% 以上，主要是养殖牛和羊造成的农业碳排放。

甘肃省的农业碳排放主要分为三个阶段：2012—2015 年农业碳排放处于上升阶段，2016—2018 年处于下降阶段，2019—2021 年处于上升阶段。前些年处于上升阶段的主要原因是农业物资投入增速较大导致农业碳排放总体上升，中间几年农业碳排放总体下降也得益于农业物资投入处于下降趋势，后两年主要是牲畜养殖中产生的粪便管理导致甘肃省农业碳排放回升。

表 5.6　2012—2021 年甘肃省农业碳排放量构成及增速

年份	作物种植		牲畜养殖		农业物资投入		合计	
	排放量/万吨	增速/%	排放量/万吨	增速/%	排放量/万吨	增速/%	排放量/万吨	增速/%
2012	186.93	—	1406.68	—	924.90	—	2518.50	—
2013	185.43	-0.80	1433.32	1.89	971.55	5.04	2590.29	2.85
2014	190.73	2.86	1504.12	4.94	1011.36	4.10	2706.21	4.48
2015	193.48	1.44	1486.80	-1.15	1038.44	2.68	2718.71	0.46
2016	194.98	0.77	1459.40	-1.84	1032.83	-0.54	2687.21	-1.16

年份	作物种植		牲畜养殖		农业物资投入		合计	
	排放量/万吨	增速/%	排放量/万吨	增速/%	排放量/万吨	增速/%	排放量/万吨	增速/%
2017	165.78	−14.97	1340.56	−8.14	931.87	−9.78	2438.22	−9.27
2018	164.13	−0.99	1374.66	2.54	880.75	−5.49	2419.55	−0.77
2019	164.83	0.42	1405.44	2.24	849.93	−3.50	2420.20	0.03
2020	168.31	2.11	1527.71	8.70	841.22	−1.02	2537.25	4.84
2021	177.09	5.21	1698.17	11.16	841.77	0.06	2717.02	7.09

5.3.4 青海省

青海省农业碳排放总体呈现上升趋势（表5.7），2021年青海省农业碳排放量为1487.07万吨，相较于2012年净增加了286.89万吨，增幅为23.90%。其中，2021年青海省作物种植、牲畜养殖和农业物资投入分别导致9.10万吨、1409.31万吨和68.66万吨碳排放，分别占农业碳排放总量的0.61%、94.77%和4.62%。牲畜养殖产生的碳排放最多，10年间牲畜养殖造成碳排放的比重一直处于90%以上，主要是牛和羊在养殖过程中粪便管理以及其余活动造成的农业碳排放。

表 5.7　2012—2021 年青海省农业碳排放量构成及增速

年份	作物种植		牲畜养殖		农业物资投入		合计	
	排放量/万吨	增速/%	排放量/万吨	增速/%	排放量/万吨	增速/%	排放量/万吨	增速/%
2012	10.03	—	1107.08	—	83.06	—	1200.17	—
2013	10.33	2.93	1154.31	4.27	81.11	−2.35	1245.75	3.80
2014	10.17	−1.50	1151.88	−0.21	81.46	0.43	1243.51	−0.18
2015	10.44	2.64	1148.94	−0.25	84.73	4.02	1244.12	0.05
2016	10.45	0.06	1186.15	3.24	81.82	−3.44	1278.42	2.76
2017	9.11	−12.81	1262.70	6.45	82.68	1.05	1354.48	5.95
2018	9.20	1.02	1196.03	−5.28	80.29	−2.89	1285.53	−5.09
2019	9.34	1.46	1147.94	−4.02	73.49	−8.48	1230.76	−4.26
2020	9.15	−1.97	1415.68	23.32	70.50	−4.06	1495.34	21.50
2021	9.10	−0.53	1409.31	−0.45	68.66	−2.62	1487.07	−0.55

青海省农业碳排放在2012—2017年总体处于波动式发展阶段，2018—2019年处于上升趋势，2019—2021年呈现先增后减趋势，2020年农业碳排放达到顶峰，为1495.34万吨。究其原因，2012—2017年，青海省小麦、蔬菜等农作物的规模在不断扩大，牛、羊等牲畜养殖的数量也在增加，因此，在这几年青海省的农业碳排放呈现波动式上升趋势，2020年

牲畜养殖产生的碳排放处于 10 年内最高，因此，在该年农业碳排放达到顶峰。

5.3.5　宁夏回族自治区

宁夏回族自治区农业碳排放总体呈现上升趋势（表 5.8），2021 年宁夏回族自治区农业碳排放量为 900.06 万吨，相较于 2012 年净增加了 260.31 万吨，增幅为 40.69%。

表 5.8　2012—2021 年宁夏回族自治区农业碳排放量构成及增速

年份	作物种植		牲畜养殖		农业物资投入		合计	
	排放量/万吨	增速/%	排放量/万吨	增速/%	排放量/万吨	增速/%	排放量/万吨	增速/%
2012	58.03	—	320.89	—	260.83	—	639.75	—
2013	57.87	− 0.27	339.97	5.95	267.33	2.49	665.17	3.97
2014	59.81	3.35	362.84	6.73	262.50	− 1.81	685.15	3.00
2015	60.72	1.53	359.55	− 0.91	265.27	1.05	685.54	0.06
2016	61.27	0.90	367.97	2.34	267.60	0.88	696.84	1.65
2017	60.35	− 1.50	365.81	− 0.59	266.32	− 0.48	692.48	− 0.63
2018	60.77	0.69	379.48	3.74	258.28	− 3.02	698.53	0.87
2019	58.68	− 3.43	415.89	9.59	260.43	0.84	735.00	5.22
2020	59.32	1.09	497.64	19.66	262.01	0.61	818.97	11.42
2021	59.32	0.01	579.76	16.50	260.98	− 0.39	900.06	9.90

其中，2021 年宁夏回族自治区作物种植、牲畜养殖和农业物资投入分别导致 59.32 万吨、579.76 万吨和 260.98 万吨碳排放，分别占农业碳排放总量的 6.59%、64.41% 和 29.00%。牲畜养殖产生的碳排放最多，10 年间始终保持在 50% 左右，主要是牛和羊在养殖过程中粪便管理以及其余活动造成的农业碳排放。宁夏回族自治区农业碳排放在 2012—2021 年总体呈现上升趋势，除 2017 年较上一年有极小幅度的下降外。究其原因，主要是由于宁夏气候较为干旱，大规模发展种植业较为困难，地理气候等因素的特殊性导致牲畜养殖规模不断扩大，从而使得农业碳排放在近几年不断上升。

5.3.6　新疆维吾尔自治区

新疆维吾尔自治区农业碳排放总体呈现上升趋势（表 5.9），2021 年新疆维吾尔自治区农业碳排放量为 4739.91 万吨，相较于 2012 年净增加了 1282.50 万吨，增幅为 37.09%。其中，2021 年新疆维吾尔自治区作物种植、牲畜养殖和农业物资投入分别导致了 263.12 万吨、2480.97 万吨和 1995.82 万吨碳排放，分别占农业碳排放总量的 5.55%、52.34% 和 42.11%。牲畜养殖和农业物资投入产生的碳排放最多，10 年间这两部分总计碳排放量始终维持在 90% 左右，主要是牲畜养殖规模扩大以及农膜、柴油的使用以及灌溉土地造成的碳排放。

新疆维吾尔自治区在 2012—2021 年农业碳排放总体呈现上升趋势，除 2016 年相较于上一年有略微下降。究其原因，一是以牛羊为代表的牲畜养殖的规模不断扩大，导致粪便管理中的二氧化氮不断上升；二是新疆地区的特色瓜果、棉花种植规模较大，在种植过程中使用化肥、农药以及农膜的比例不断上升导致农业碳排放不断增加。

表 5.9　2012—2021 年新疆维吾尔自治区农业碳排放量构成及增速

年份	作物种植		牲畜养殖		农业物资投入		合计	
	排放量/万吨	增速/%	排放量/万吨	增速/%	排放量/万吨	增速/%	排放量/万吨	增速/%
2012	221.89	—	1653.96	—	1581.56	—	3457.41	—
2013	225.36	1.56	1705.78	3.13	1738.56	9.93	3669.70	6.14
2014	237.35	5.32	1809.39	6.07	1985.24	14.19	4031.98	9.87
2015	241.24	1.64	1867.75	3.23	2049.52	3.24	4158.51	3.14
2016	238.75	−1.03	1852.99	−0.79	2061.53	0.59	4153.27	−0.13
2017	248.53	4.10	1908.72	3.01	2035.71	−1.25	4192.96	0.96
2018	250.97	0.98	1902.77	−0.31	2084.50	2.40	4238.23	1.08
2019	247.38	−1.43	2072.48	8.92	2083.43	−0.05	4403.29	3.89
2020	254.55	2.90	2143.53	3.43	2018.23	−3.13	4416.31	0.30
2021	263.12	3.37	2480.97	15.74	1995.82	−1.11	4739.91	7.33

5.3.7　内蒙古自治区

内蒙古自治区农业碳排放总体呈现上升趋势（表 5.10），2021 年内蒙古自治区农业碳排放量为 5031.67 万吨，相较于 2012 年净增加了 706.98 万吨，增幅为 16.35%。其中，2021 年内蒙古自治区作物种植、牲畜养殖和农业物资投入分别导致 445.74 万、3054.87 万吨和 1531.06 万吨碳排放，分别占农业碳排放总量的 8.86%、60.71% 和 30.43%。牲畜养殖产生的碳排放最多，10 年间始终维持在 60% 左右，主要是牛和羊在养殖过程中粪便管理以及其余活动造成的农业碳排放。

内蒙古自治区农业碳排放在 2012—2017 年呈现 N 形趋势，在 2018—2019 年呈下降趋势，2020—2021 年回升。第一阶段出现上升的原因是内蒙古的牲畜养殖规模较大，由此产生的碳排放较高；之后出现下降的原因是得益于西部大开发以及乡村振兴等一系列政策的实施，低碳技术得以不断应用以及不断推广，使得内蒙古自治区的农业碳排放不断下降。

表 5.10 2012—2021 年内蒙古自治区农业碳排放量构成及增速

年份	作物种植		牲畜养殖		农业物资投入		合计	
	排放量/万吨	增速/%	排放量/万吨	增速/%	排放量/万吨	增速/%	排放量/万吨	增速/%
2012	326.06	—	2737.52	—	1261.11	—	4324.69	—
2013	341.00	4.58	2709.56	-1.02	1317.29	4.45	4367.85	1.00
2014	354.83	4.05	2818.22	4.01	1421.40	7.90	4594.45	5.19
2015	358.78	1.11	2935.52	4.16	1478.45	4.01	4772.74	3.88
2016	356.61	-0.60	2813.95	-4.14	1502.81	1.65	4673.38	-2.08
2017	416.06	16.67	2833.51	0.70	1495.76	-0.47	4745.33	1.54
2018	426.51	2.51	2736.11	-3.44	1457.88	-2.53	4620.50	-2.63
2019	438.86	2.90	2731.06	-0.18	1436.44	-1.47	4606.36	-0.31
2020	442.19	0.76	2858.18	4.65	1397.93	-2.68	4698.30	2.00
2021	445.74	0.80	3054.87	6.88	1531.06	9.52	5031.67	7.10

5.3.8 广西壮族自治区

广西壮族自治区农业碳排放总体呈现上升趋势（表 5.11），2021 年广西壮族自治区农业碳排放量为 4209.62 万吨，相较于 2012 年净增加了 78.11 万吨，增幅为 1.89%。其中，2021 年广西壮族自治区作物种植、牲畜养殖和农业物资投入分别导致 1712.23 万吨、1182.46 万吨和 1314.94 万吨碳排放，分别占农业碳排放总量的 40.67%、28.09% 和 31.24%。作物种植产生的碳排放最多，10 年间始终维持在 40% 以上，主要是水稻、玉米以及大豆种植造成的碳排放。

表 5.11 2012—2021 年广西壮族自治区农业碳排放量构成及增速表

年份	作物种植		牲畜养殖		农业物资投入		合计	
	排放量/万吨	增速/%	排放量/万吨	增速/%	排放量/万吨	增速/%	排放量/万吨	增速/%
2012	1872.49	—	951.65	—	1307.38	—	4131.52	—
2013	1884.42	0.64	950.96	-0.07	1342.97	2.72	4178.35	1.13
2014	1877.17	-0.38	916.77	-3.60	1367.27	1.81	4161.21	-0.41
2015	1863.42	-0.73	900.71	-1.75	1382.94	1.15	4147.06	-0.34
2016	1826.56	-1.98	862.36	-4.26	1413.65	2.22	4102.57	-1.07
2017	1733.34	-5.10	891.98	3.43	1381.47	-2.28	4006.79	-2.33
2018	1697.15	-2.09	894.45	0.28	1341.30	-2.91	3932.91	-1.84
2019	1675.02	-1.30	698.50	-21.91	1331.48	-0.73	3705.00	-5.79

续表

年份	作物种植		牲畜养殖		农业物资投入		合计	
	排放量/万吨	增速/%	排放量/万吨	增速/%	排放量/万吨	增速/%	排放量/万吨	增速/%
2020	1708.06	1.97	801.84	14.80	1316.92	-1.09	3826.82	3.29
2021	1712.23	0.24	1182.46	47.47	1314.94	-0.15	4209.62	10.00

广西壮族自治区农业碳排放 2013 年相较于上一年有轻微上升趋势，在 2013—2019 年呈现下降趋势，在 2020—2021 年呈现上升趋势。呈上升趋势的原因是种植业规模不断扩大导致使用的化肥、柴油以及农膜产生的农业碳排放不断上升。下降的原因一是由于广西不断提高农业生产的质量和效率，不断加大环境治理，从而抑制了农业碳排放的增长速度；二是限制使用化肥、柴油的行动取得了一定的成效，从而降低农业碳排放。

5.3.9 重庆市

重庆市农业碳排放总体呈现上升趋势（表 5.12），2021 年重庆市农业碳排放量为 1845.24 万吨，相较于 2012 年净增加了 91.47 万吨，增幅为 5.22%。其中，2021 年重庆市作物种植、牲畜养殖和农业物资投入分别导致 586.27 万吨、740.91 万吨和 518.06 万吨碳排放，分别占农业碳排放总量的 31.77%、40.15% 和 28.08%。

表 5.12　2012—2021 年重庆市农业碳排放量构成及增速

年份	作物种植		牲畜养殖		农业物资投入		合计	
	排放量/万吨	增速/%	排放量/万吨	增速/%	排放量/万吨	增速/%	排放量/万吨	增速/%
2012	591.54	—	620.03	—	542.20	—	1753.77	—
2013	596.03	0.76	626.96	1.12	548.78	1.21	1771.76	1.03
2014	599.69	0.61	638.29	1.81	555.25	1.18	1793.23	1.21
2015	601.64	0.32	645.97	1.20	557.29	0.37	1804.90	0.65
2016	606.30	0.77	637.63	-1.29	551.97	-0.95	1795.90	-0.50
2017	577.49	-4.75	548.54	-13.97	550.42	-0.28	1676.45	-6.65
2018	577.01	-0.08	536.25	-2.24	540.35	-1.83	1653.62	-1.36
2019	577.72	0.12	468.26	-12.68	528.00	-2.29	1573.98	-4.82
2020	582.06	0.75	528.07	12.77	521.79	-1.18	1631.92	3.68
2021	586.27	0.72	740.91	40.31	518.06	-0.71	1845.24	13.07

2012—2016 年牲畜养殖造成的碳排放比重最大，2017—2020 年作物种植造成的碳排放比重最大，2021 年牲畜养殖造成的碳排放比重最大。

重庆市农业碳排放 2012—2015 年呈现上升趋势，2016—2019 年呈现下降趋势，2020—2021 年呈现回升趋势。2012—2015 年上升趋势的原因是化肥、农药、农膜、农业灌溉和翻耕产生的碳排放占比较大，从而使得重庆市农业碳排放在这段时间不断上升。2016—2019年呈现下降趋势的原因是，重庆市经济发展较好，第一产业逐步向第二、三产业转移，农民对农业生产活动的意愿下降，因此，农业碳排放在这一时期呈现下降趋势。2020—2021年农业碳排放上升的原因是重庆市牛和猪养殖规模的扩大。

5.3.10　四川省

四川省农业碳排放总体呈现上升趋势（表 5.13），2021 年四川省农业碳排放量为6271.08 万吨，相较于 2012 年净增加 298.22 万吨，增幅为 4.99%。其中，2021 年四川省作物种植、牲畜养殖和农业物资投入分别导致 1637.26 万吨、3251.27 万吨和 1382.54 万吨碳排放，分别占农业碳排放总量的 26.11%、51.85% 和 22.05%。牲畜养殖产生的碳排放最多，除 2019 年外，其余年间始终维持在 45% 以上，主要是牲畜养殖过程中粪便管理以及其余活动造成的农业碳排放。

四川省农业碳排放 2012—2015 年呈现先降后升趋势，这是由于作物种植、牲畜养殖以及农业物资投入三部分共同作用下导致的结果；2016—2019 年处于下降阶段，其原因是牲畜养殖的规模不断下降以及作物种植的规模下降，从而导致化肥、农膜、柴油使用量的下降，因此，农业物资投入产生的碳排放不断下降；2020—2021 年处于上升阶段，其原因是前两年由于生猪瘟疫原因导致牲畜养殖规模下降，从而导致在 2021 年牲畜养殖恢复到正常水平。

表 5.13　2012—2021 年四川省农业碳排放量构成及增速

年份	作物种植		牲畜养殖		农业物资投入		合计	
	排放量/万吨	增速/%	排放量/万吨	增速/%	排放量/万吨	增速/%	排放量/万吨	增速/%
2012	1667.33	—	2753.92	—	1551.60	—	5972.86	—
2013	1664.86	−0.15	2731.54	−0.81	1543.26	−0.54	5939.66	−0.56
2014	1669.65	0.29	2809.62	2.86	1549.35	0.39	6028.62	1.50
2015	1673.30	0.22	2813.08	0.12	1558.20	0.57	6044.58	0.26
2016	1675.70	0.14	2753.07	−2.13	1561.85	0.23	5990.62	−0.89
2017	1613.85	−3.69	2681.36	−2.60	1537.55	−1.56	5832.76	−2.64
2018	1618.90	0.31	2579.59	−3.80	1492.88	−2.91	5691.37	−2.42
2019	1622.30	0.21	2246.99	−12.89	1451.35	−2.78	5320.64	−6.51
2020	1625.46	0.19	2605.20	15.94	1400.15	−3.53	5630.81	5.83
2021	1637.26	0.73	3251.27	24.80	1382.54	−1.26	6271.08	11.37

5.3.11　贵州省

贵州省农业碳排放总体呈现上升趋势（表 5.14）。2021 年贵州省农业碳排放量为

2543.51 万吨，相较于 2012 年净增加了 382.83 万吨，增幅为 17.69%。其中，2021 年贵州省作物种植、牲畜养殖和农业物资投入分别导致 646.23 万吨、1408.33 万吨和 488.95 万吨碳排放，分别占农业碳排放总量的 25.41%、55.37% 和 19.22%。牲畜养殖产生的碳排放最多，2012—2021 年间始终维持在 46% 以上，并在近几年有上升趋势，主要是牲畜养殖过程中粪便管理以及其余活动造成的农业碳排放。

贵州省农业碳排放 2012—2017 年呈波动上升趋势；2018—2019 年呈下降趋势；2020—2021 年呈上升趋势，结合"双碳"背景可以预测贵州省的农业碳排放的增速将会放缓。上升的原因是贵州省处于云贵高原，耕地呈现散布的特点，农业机械化难以实现，因此，为了改善土地条件，只能使用化肥、农药等一系列手段，因此，在 2012—2017 年以及近两年这个阶段呈现上升趋势。下降的原因是土地利用效率的提高导致单位播种面积较高，农业用地利用率比较高，并且贵州省实施一系列政策实现农业绿色低碳发展，因此，2018—2019 年农业碳排放下降。

表 5.14　2012—2021 年贵州省农业碳排放量构成及增速

年份	作物种植		牲畜养殖		农业物资投入		合计	
	排放量/万吨	增速/%	排放量/万吨	增速/%	排放量/万吨	增速/%	排放量/万吨	增速/%
2012	576.52	—	1005.67	—	579.09	—	2161.28	—
2013	587.63	1.93	1015.65	0.99	554.88	−4.18	2158.16	−0.14
2014	598.34	1.82	1087.69	7.09	575.86	3.78	2261.89	4.81
2015	601.05	0.45	1173.53	7.89	593.55	3.07	2368.13	4.70
2016	609.16	1.35	1171.09	−0.21	599.33	0.97	2379.58	0.48
2017	672.97	10.48	1174.04	0.25	575.75	−3.93	2422.76	1.81
2018	647.75	−3.75	1167.79	−0.53	559.58	−2.81	2375.12	−1.97
2019	642.77	−0.77	1140.20	−2.36	517.28	−7.56	2300.24	−3.15
2020	653.35	1.65	1289.10	13.06	503.88	−2.59	2446.34	6.35
2021	646.23	−1.09	1408.33	9.25	488.95	−2.96	2543.51	3.97

5.3.12　云南省

云南省农业碳排放总体呈现上升趋势（表 5.15）。2021 年云南省农业碳排放量为 4598.30 万吨，相较于 2012 年净增加了 564.83 万吨，增幅为 14.00%。其中，2021 年云南省作物种植、牲畜养殖和农业物资投入分别导致了 495.94 万吨、2927.12 万吨和 1175.24 万吨碳排放，分别占农业碳排放总量的 10.79%、63.66% 和 25.56%。牲畜养殖产生的碳排放最多，2012—2021 年始终维持在 53% 以上，在近两年有上升趋势，主要是牛、羊养殖过程中粪便管理以及其余活动造成的农业碳排放。

云南省农业碳排放趋势可分为三个阶段：2012—2017 年处于平稳上升阶段，碳排放量从 2012 年的 4033.47 万吨增加至 2017 年的 4384.64 万吨，其原因是牲畜养殖规模扩大以及农业物资投入量的增加导致的农业碳排放不断上升；2018—2019 年处于下降阶段，其原因是为推进绿色发展，打造"绿色食品牌"，云南省不断优化产业结构，在保证第一产业发展的前提下，产业发展重心逐渐向二、三产业转移，因此，农业碳排放量在 2017 年后开始波动下降。从年际变化看，农业物资投入碳排放量从 2017 年后逐年下降，这也验证了云南省农业发展方式正在转变中。2020—2021 年处于上升趋势，其原因是牛、猪以及羊养殖的扩大导致其农业碳排放呈现增长趋势。

表 5.15　2012—2021 年云南省农业碳排放量构成及增速

年份	作物种植		牲畜养殖		农业物资投入		合计	
	排放量/万吨	增速/%	排放量/万吨	增速/%	排放量/万吨	增速/%	排放量/万吨	增速/%
2012	458.13	—	2251.43	—	1323.90	—	4033.47	—
2013	488.95	6.73	2207.49	−1.95	1370.03	3.48	4066.48	0.82
2014	495.68	1.38	2275.05	3.06	1418.97	3.57	4189.70	3.03
2015	501.17	1.11	2277.39	0.10	1449.98	2.19	4228.54	0.93
2016	504.61	0.69	2310.34	1.45	1468.74	1.29	4283.70	1.30
2017	481.93	−4.49	2433.27	5.32	1469.44	0.05	4384.64	2.36
2018	486.50	0.95	2463.86	1.26	1284.94	−12.56	4235.30	−3.41
2019	489.68	0.65	2312.43	−6.15	1240.46	−3.46	4042.57	−4.55
2020	496.16	1.32	2598.18	12.36	1225.31	−1.22	4319.65	6.85
2021	495.94	−0.05	2927.12	12.66	1175.24	−4.09	4598.30	6.45

5.3.13　西藏自治区

西藏自治区农业碳排放总体呈现上升趋势（表 5.16）。2021 年西藏自治区农业碳排放量为 1324.08 万吨，相较于 2012 年净增加了 45.20 万吨，增幅为 3.53%。其中，2021 年西藏自治区作物种植、牲畜养殖和农业物资投入分别导致 6.07 万、1263.60 万吨和 54.42 万吨碳排放，分别占农业碳排放总量的 0.46%、95.43% 和 4.11%。牲畜养殖产生的碳排放最多，10 年间牲畜养殖造成碳排放的比重维持在 95% 左右，主要是牛和羊在养殖过程中粪便管理以及其余活动造成的农业碳排放。

西藏自治区农业碳排放 2012—2017 年呈现波动式下降趋势，主要由于农牧民牲畜养殖的规模减小，从而导致粪便管理中的甲烷排放减少；2018—2021 年呈现上升趋势，主要是由于西藏自治区作物种植的规模开始扩大，从而导致农业物资投入产生的农业碳排放开始上升。

表 5.16　2012—2021 年西藏自治区农业碳排放量构成及增速

年份	作物种植		牲畜养殖		农业物资投入		合计	
	排放量/万吨	增速/%	排放量/万吨	增速/%	排放量/万吨	增速/%	排放量/万吨	增速/%
2012	5.57	—	1217.79	—	55.51	—	1278.88	—
2013	5.60	0.58	1253.43	2.93	59.39	6.99	1318.43	3.09
2014	5.57	−0.68	1229.36	−1.92	59.36	−0.05	1294.29	−1.83
2015	5.41	−2.88	1244.05	1.19	61.43	3.48	1310.88	1.28
2016	5.30	−2.00	1222.23	−1.75	63.09	2.70	1290.61	−1.55
2017	5.47	3.21	1153.03	−5.66	61.54	−2.45	1220.04	−5.47
2018	5.41	−1.10	1194.07	3.56	54.90	−10.79	1254.38	2.82
2019	5.56	2.74	1232.35	3.21	54.49	−0.76	1292.40	3.03
2020	5.48	−1.31	1235.26	0.24	55.49	1.83	1296.23	0.30
2021	6.07	10.63	1263.60	2.29	54.42	−1.93	1324.08	2.15

5.4　小　结

　　西部地区农业碳排放 2012—2015 年呈上升趋势,2016—2019 年呈下降趋势,2020—2021 年出现回升势头。2012—2015 年国家对西部地区农业发展具有政策、资金以及技术的支持,粮食价格上涨导致西部地区农民生产积极性较高,化肥、农药等农业物资投入较大,农业开始出现集聚化、产业化,农业快速发展,因此,在该阶段西部地区农业碳排放总体出现上升。2016—2019 年西部地区的城镇化水平不断上升,农业劳动力开始从农业生产部门向非农业生产部门转移,农民的非农收入不断提高,农业开始向生态化方向发展,同时我国开始出现老龄化现象,务农人员的生产积极性降低。该阶段西部地区人均收入不断提高,对绿色健康食品的需求不断上升,因此,该阶段西部地区农业碳排放不断降低。2020—2021 年西部地区农业碳排放回升的主要原因是西部地区牲畜养殖规模的扩大。

第6章

西部地区农业碳排放空间关联网络特征研究

碳排放空间关联网络是碳排放网络的重要组成部分，流动关系的本质是在低碳减排的理念下，劳动力、资本、经济等影响农业碳排放的流动要素而形成的点线面结合的系统。西部地区各省之间存在地理区位不同、经济基础相差较大等原因，碳排放在西部地区空间上并非均衡存在，而是将人才、技术以及资金作为载体不断向邻近地区进行流动和分配，并不断辐射到较远地区。

6.1 研究方法

首先，运用能够刻画各省份农业碳排放关联效应的引力模型（何艳秋 等，2020）：

$$x_{ij} = k_{ij} \frac{\sqrt[4]{P_i G_i I_i M_i} \; \sqrt[4]{P_j G_j I_j M_j}}{D_{ij}^2} \tag{6.1}$$

式中，x_{ij} 为省份 i 对省份 j 的农业碳排放的引力，P_i、G_i、I_i、M_i、P_j、G_j、I_j、M_j 分别为省份 i 和省份 j 的第一产业劳动力规模、人均第一产业生产总值、农业碳排放强度和耕地面积，D_{ij}^2 为省份 i 和 j 省会城市地理距离的平方，k_{ij} 为经验系数。

$$k_{ij} = \frac{A_{ji}}{A_{ji} + A_{ij}} \tag{6.2}$$

式中，k_{ij} 为省份 i 对省份 j 的农业碳排放引力系数，A_{ji}、A_{ij} 分别为省份 i 移至省份 j 和省份 j 移至省份 i 的农业碳转移量。

空间网络分析法具体包括两个方面。一是空间关联网络整体特征，该特征包括 5 个指标。其中，网络关系数和网络密度能够体现出各节点空间关联网络的关联性，当网络关系数量越多，网络密度就越高，这意味着在农业碳排放空间关联网络中，各个节点之间的空间交互更强，即各节点之间的空间关联也更加密切。网络关联度、网络等级度和网络效率则反映空间关联网络的稳定性。网络等级度的下降意味着在空间关联网络中的等级差异变得越来越小，各节点对农业碳排放空间关联网络的作用效果越平衡。

二是空间关联网络个体特征，该特征包括 3 个指标。其中，某一节点的点度中心度越高，表明该节点对于整个空间关联网络的作用和影响越强。某一节点的接近中心度越高，表明该节点在空间关联网络中与其他节点的距离越近，能更为便捷地在农业碳排放空间关联网络中传递信息。某一节点的中介中心度越高，表明该节点在空间关联网络中的中介作用越强，即该节点对于其余节点的调节作用将更强。

6.2 数据来源

本书数据来自于 2013—2022 年《中国统计年鉴》《中国农村统计年鉴》，其中水稻、小麦、玉米、大豆、棉花和蔬菜的种植面积来源于《中国农村统计年鉴》，牛、羊、猪、马、驴、骡和骆驼的养殖数量来源于《中国农村统计年鉴》，化肥、农药、农膜、柴油的使用量以及翻耕面积和灌溉面积来源于《中国统计年鉴》，利用上述数据测算了西部地区 12 个省份的农业碳排放空间关联网络特征。

6.3 西部地区农业碳排放空间关联网络整体特征分析

利用 Ucinet6.0 软件计算得到西部地区农业碳排放空间关联网络整体结构特征指标具体值。由图 6.1 和表 6.1 可知，2012—2021 年间西部地区农业碳排放空间关联网络关系数和密度都有相应提升。网络关系数由 2012 年的 33 个增加到 2021 年的 35 个，网络密度也由 2012 年的 0.500 提升至 2021 年的 0.530，反映出西部地区农业碳排放空间关联网络关联性的增强，表明西部地区各省份农业碳排放效应的空间相互作用得到强化。西部地区农业碳排放网络密度由 2012 年的 0.500 上升到 2021 年的 0.530，表明西部地区农业碳排放的相互作用不断增强，但是也可能会造成冗余连线增多。因此，需要保证网络关系数逐步增加并同时增强网络密度，以减少冗余连线。

表 6.1 2012—2021 年西部地区农业碳排放空间关联网络整体结构特征指标变化

年份	网络关系数	网络密度	关联度	等级度	效率
2012	33	0.500	1.000	1.000	0.600
2013	33	0.500	1.000	1.000	0.600
2014	34	0.515	1.000	1.000	0.582
2015	34	0.515	1.000	1.000	0.582

年份	网络关系数	网络密度	关联度	等级度	效率
2016	34	0.515	1.000	1.000	0.582
2017	33	0.500	1.000	1.000	0.600
2018	33	0.500	1.000	1.000	0.600
2019	34	0.515	1.000	1.000	0.582
2020	33	0.500	1.000	1.000	0.600
2021	35	0.530	1.000	1.000	0.564

在西部地区，农业碳排放空间网络关联度始终维持在1，意味着网络中的每一个节点都是可达到的，这也意味着在西部地区农业碳排放空间关联网络是一个稳定性很强的网络，彼此之间的关系非常紧密，网络中的每一个节点都可以连接在一起，从而形成一个可以实现外溢的系统。在西部区域，农业碳排放网络等级度始终是1，这说明在该区域，其层级结构始终维持着一个比较稳定的状态，处于绝对核心位置的节点始终维持着对该网络的控制力，因此，该区域的整个区域都处于一个比较稳定的状态。从图6.1可以看出，2012—2021年西部

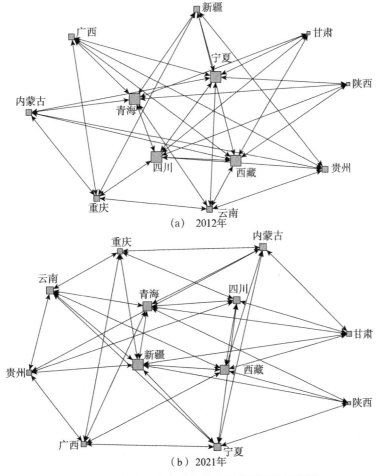

(a) 2012年

(b) 2021年

图6.1 西部地区农业碳排放空间关联网络拓扑图

地区农业碳排放受外溢影响较大的省份由四川、西藏、青海和宁夏转变为四川、西藏、青海和新疆，只有宁夏从中心节点变为新疆，同时各省份之间的空间相互作用也得到强化。这一现象说明西部地区各省份之间影响碳排放的各类要素一直向中心4个省份流动。西部地区农业碳排放网络效率呈现下降趋势，由2012年的0.600下降至2018年的0.564，表示空间关联网络内部关联线的增加，从而导致西部地区农业碳排放空间关联网络稳定性进一步提升。究其原因，一是随着我国市场经济制度的逐步健全，诸如技术、人才和资金的流通变得更为便利和快速；二是最近几年，中国的交通和信息化建设得到了很大的改善，并逐渐建立起了一套完整的交通网络和信息化网络，方便了西部省份之间的技术交流、人力资源的流动和对农产品的投入；三是制度因素推动了区域协同发展，如《进一步促进西部地区经济社会发展若干政策措施研究》的出台，使得区域间的要素流动在2012年以后仍然关联紧密。

6.4 西部地区农业碳排放空间关联网络个体特征分析

2012年四川、西藏、青海和宁夏是西部地区农业碳排放空间关联网络的中心，远高于其他省份（表6.2），2012年上述4个省份对西部地区农业碳排放空间关联网络的构成与保持稳定起着关键作用。

表6.2　2012—2021年西部地区农业碳排放空间关联网络点度中心度变化

省份	2012年	2013年	2014年	2015年	2016年	2017年	2018年	2019年	2020年	2021年
内蒙古	45.455	45.455	45.455	45.455	45.455	45.455	45.455	45.455	45.455	54.545
广西	45.455	45.455	45.455	45.455	45.455	45.455	45.455	45.455	45.455	45.455
重庆	45.455	45.455	45.455	45.455	45.455	45.455	45.455	45.455	45.455	45.455
四川	63.636	54.545	54.545	54.545	54.545	54.545	54.545	54.545	54.545	54.545
贵州	45.455	45.455	45.455	45.455	45.455	45.455	45.455	45.455	45.455	45.455
云南	45.455	45.455	45.455	45.455	45.455	45.455	45.455	54.545	45.455	54.545
西藏	63.636	63.636	63.636	63.636	63.636	63.636	63.636	63.636	63.636	63.636
陕西	36.364	27.273	36.364	36.364	36.364	36.364	36.364	36.364	36.364	36.364
甘肃	36.364	45.455	45.455	45.455	45.455	36.364	36.364	36.364	36.364	45.455
青海	63.636	63.636	63.636	63.636	63.636	63.636	63.636	63.636	63.636	63.636
宁夏	63.636	63.636	63.636	63.636	63.636	54.545	54.545	54.545	54.545	54.545
新疆	45.455	54.545	63.636	63.636	63.636	63.636	63.636	63.636	72.727	63.636	72.727

从表6.2可以看出，当某节点点度中心度较高时，该节点与其他节点之间的联系将更加紧密，从而更大程度地控制其他节点，从而对整个空间关联网络有很大的影响。2021年，西部地区农业碳排放空间关联网络的中心变为四川、西藏、青海和新疆，新疆的点度中心度在10年间整体呈上升趋势，从2012年的45.455上升到2021年的72.727，成为空间关联网

络中的又一要素流入与流出地，同时宁夏的点度中心度不断下降，从 63.636 下降至 54.545，宁夏逐渐被新疆取代，与四川、西藏和青海一起成为新的中心，与其他省份产生密切联系。

四个受到溢出效应影响的中心省份已经出现了转移，这是因为西藏受到了高海拔和恶劣气候等环境条件的制约，农业种植业的发展比较困难，所以只能够发展畜牧业，但其发展规模也比较小；青海依托于青藏高原的水系，以发展特色农业为主，但由于其独特的地理环境，使得青海与其他省份相比，在政策、科技、经济等方面受到了很大的限制，因此，西藏与其他省份之间存在着很大的差距。四川在经济、科技等方面均处于西部其他省份的领先地位，其农业正朝着高品质方向发展，且在低碳农业方面表现良好，因而在农业传统省份的农产品产量、相对低廉的劳动力等方面存在着一定的不足。宁夏作为一个相对较小的区域，其农业生产过程中所产生的碳在其他地区所起的作用越来越弱。新疆国土面积位居全国前列，以种植业和畜牧业为主，与其他省份的联系在最近几年逐步加强，因此，在空间关联网络中处于中心地位。与此同时，新疆、西藏、青海等地的畜牧业也得到了很大的发展，而且畜牧业产品的转移频率也比较频繁。

当一个省份的接近中心度较高时，则表明这个省份在西部农业碳排放的空间关联性网络中起到了"主动者"的作用，可以更好地与其他省份建立起连接，并可以接受并输出有关的要素，进而对其他省份的农业碳排放产生影响。2012 年四川、西藏、青海和宁夏接近中心度高于平均值，2013—2020 年，除上述 4 个省份外，新疆的接近中心度也高于平均值，其中在 2019 年云南的接近中心度高于平均值，2021 年四川、西藏、青海、宁夏、云南和内蒙古的接近中心度高于平均值（表 6.3）。究其原因，西藏、青海、宁夏、内蒙古、云南等省份以输出农产品为主，从其他省份获得技术和资金，四川则以接收劳动力为主，并向其他省份输出资金，从农业绿色技术等方面获得发展。

表 6.3 2012—2021 年西部地区农业碳排放空间关联网络接近中心度变化

省份	2012 年	2013 年	2014 年	2015 年	2016 年	2017 年	2018 年	2019 年	2020 年	2021 年
内蒙古	64.706	64.706	64.706	64.706	64.706	64.706	64.706	64.706	64.706	68.750
广西	64.706	64.706	64.706	64.706	64.706	64.706	64.706	64.706	64.706	64.706
重庆	64.706	61.111	64.706	64.706	64.706	64.706	64.706	64.706	64.706	64.706
四川	73.333	68.750	68.750	68.750	68.750	68.750	68.750	68.750	68.750	68.750
贵州	64.706	61.111	64.706	64.706	64.706	64.706	64.706	64.706	64.706	64.706
云南	64.706	64.706	64.706	64.706	64.706	64.706	64.706	68.750	64.706	68.750
西藏	73.333	73.333	73.333	73.333	73.333	73.333	73.333	73.333	73.333	73.333
陕西	61.111	52.381	61.111	61.111	61.111	61.111	61.111	61.111	61.111	61.111
甘肃	61.111	64.706	64.706	64.706	64.706	61.111	61.111	61.111	61.111	64.706
青海	73.333	73.333	73.333	73.333	73.333	73.333	73.333	73.333	73.333	73.333
宁夏	73.333	73.333	73.333	73.333	73.333	68.750	68.750	68.750	68.750	68.750
均值	66.983	65.911	67.619	67.619	67.619	66.938	66.938	67.711	66.938	68.348

从中介中心度的指标特征可以看出，当某省份的中介中心度高于平均水平时，这个省份

对其他省份的农业碳排放有较好的中介效应。2012 年四川、西藏、青海和宁夏中介中心度高于平均值，2013—2020 年，四川、西藏、青海、宁夏和新疆中介中心度高于平均值，2021 年除上述 5 个省份外，内蒙古的中介中心度也高于平均值（表 6.4）。究其原因，西藏、宁夏、青海、新疆、内蒙古等对西部其他省份的出口，对其余各省份的出口造成了一定的影响，而这几个畜牧业比较发达的省份，又是西部畜牧业的重要集散地。四川省作为我国西部最发达的区域，各种生产要素在该区域内进行集聚和贸易，进而向其他省份扩散，使四川成为周边省份之间的要素交换中心，可作为连接西部各省份的桥梁，在区域尺度上发挥重要作用。

表 6.4　2012—2021 年西部地区农业碳排放空间关联网络中介中心度变化

省份	2012 年	2013 年	2014 年	2015 年	2016 年	2017 年	2018 年	2019 年	2020 年	2021 年
内蒙古	3.325	4.052	3.325	3.325	3.325	3.411	3.411	3.411	3.411	5.229
广西	3.325	4.052	3.325	3.325	3.325	3.411	3.411	3.411	3.411	3.411
重庆	3.636	3.576	3.576	3.576	3.576	3.576	3.576	3.212	3.576	3.091
四川	11.052	5.870	5.143	5.143	5.143	6.139	6.139	6.139	6.139	5.229
贵州	3.636	3.576	3.576	3.576	3.576	3.576	3.576	3.212	3.576	3.091
云南	3.325	4.052	3.325	3.325	3.325	3.411	3.411	3.411	3.411	3.411
西藏	8.939	10.242	8.273	8.273	8.273	9.333	9.333	8.515	9.333	7.485
陕西	0.779	0.779	0.779	0.779	0.779	0.866	0.866	0.866	0.866	0.866
甘肃	0.779	1.082	1.082	1.082	1.082	0.563	0.563	0.563	0.563	1.169
青海	8.939	10.242	8.273	8.273	8.273	9.333	9.333	8.515	9.333	7.485
宁夏	8.939	10.242	8.273	8.273	8.273	6.000	6.000	5.485	6.000	5.364
均值	3.325	5.870	9.234	9.234	9.234	10.381	10.381	11.442	10.381	10.532

6.5　小　结

西部地区农业碳排放空间关联网络整体特征网络关系数和网络密度都有相应提升，说明西部地区各省份间的农业碳排放相互作用在不断强化。

西部地区农业碳排放空间关联网络个体特征中西藏、宁夏、青海、新疆和四川的点度中心度、接近中心度和中介中心度在绝大多数年份都高于平均值，从网络拓扑图来看，这 5 个省份都充当过空间关联网络的中心，与空间关联网络个体特征研究结果一致。

第 7 章

西部地区农业碳排放地区差异及动态演进

本章在测算出西部地区农业碳排放的基础上利用 MATLAB 软件对西部地区其中的西南地区以及西北地区两大地区差异进行实证分析，再对西部地区农业碳排放的分布动态演进进行实证分析。

7.1 研究方法

Dagum 基尼系数及其分解方法可以有效解决以往地区差异研究中差异分解和样本描述等问题（刘忠宇 等，2021），因此，当前 Dagum 基尼系数被广泛应用于地区差异及相关研究，总体基尼系数可表述为

$$G = \frac{\sum_{j=1}^{k} \sum_{h=1}^{k} \sum_{i=1}^{n_j} \sum_{r=1}^{n_h} |y_{ji} - y_{hr}|}{2n^2 \bar{y}} \tag{7.1}$$

式中，k 为被划分的地区数，j、h 分别代表各地区包含的范围，n 是研究区域内省份总数，n_j、n_h 分别代表 j、h 地区的省份总数，y_{ji}、y_{hr} 分别为 j、h 区域内省份 i、r 的农业碳排放的测算值，$\bar{y}$ 表示各省份农业碳排放的平均值。

Dagum 基尼系数被分解为地区内差距贡献（G_w）和地区间差距贡献（G_{nb}）以及超变密度贡献（G_t）三部分，且总基尼系数等于三者之和（李婵娟 等，2017）。然后根据各地区的平均值对地区 k 进行排序，见式 7.2。

$$\bar{y}_j \leqslant \cdots \bar{y}_h \leqslant \cdots \bar{y}_k \tag{7.2}$$

$$G_{jj} = \frac{\sum_{i=1}^{n_j} \sum_{r=1}^{n_j} |y_{ji} - y_{jr}|}{2n_j^2 \overline{y_j}} \tag{7.3}$$

$$G_w = \sum_{j=1}^{k} G_{jj} p_j s_j \tag{7.4}$$

$$G_{jh} = \frac{\sum_{i=1}^{n_j} \sum_{r=1}^{n_h} |y_{ji} - y_{hr}|}{n_j n_h (\overline{y_j} + \overline{y_h})} \tag{7.5}$$

$$G_{nb} = \sum_{j=2}^{k} \sum_{h=1}^{j-1} G_{jh} (p_j s_h + p_h s_j) D_{jh} \tag{7.6}$$

$$G_t = \sum_{j=2}^{k} \sum_{h=1}^{j-1} G_{jh} (p_j s_h + p_h s_j)(1 - D_{jh}) \tag{7.7}$$

式中，G_{jj} 和 G_w 分别表示地区 j 的基尼系数和地区内差距贡献，G_{jh}、G_{nb} 和 G_t 分别为地区间基尼系数和差距贡献以及超变密度贡献。

$$D_{jh} = \frac{d_{jh} - p_{jh}}{d_{jh} + p_{jh}} \tag{7.8}$$

$$d_{jh} = \int_0^{\infty} dF_j(y) \int_0^y (y - x) dF_h(x) \tag{7.9}$$

$$p_{jh} = \int_0^{\infty} dF_h(y) \int_0^y (y - x) dF_j(x) \tag{7.10}$$

式中，D_{jh} 表示 j、h 地区间相对影响，d_{jh} 定义为地区间指标差值，是第 j、h 个地区内所有 $y_{ji} - y_{hr} > 0$ 的样本值加总的数学期望，p_{jh} 定义为超变一阶矩，也表示数学期望，$F_j(F_h)$ 是 $j(h)$ 地区的累积密度分布函数。

Kernel 密度估计方法运用连续的密度曲线绘制中国绿色食品产业高质量发展水平的分布动态演进（杜辉 等，2019），通过观察分布动态演进图波峰的高度、宽度、数量等判断随机变量的分布态势、极化趋势等主要信息（陈明华 等，2016）。Kernel 密度估计作为当前应用最广泛的动态演进研究方法，具有模型依赖性弱、稳健性强等优点。假定随机变量 X 的密度函数为

$$f(x) = \frac{1}{Nh} \sum_{i=1}^{n} K\left(\frac{X_i - x}{h}\right) \tag{7.11}$$

式中，N 为观测值的个数，X_i 表示观测值，x 是平均值，$K(\cdot)$ 代表 Kernel 密度，带宽则用 h 表示。本书采用最常见的 Gauss 核函数，其设定为

$$K(y) = \frac{1}{\sqrt{2\pi}} \exp\left(-\frac{y^2}{2}\right) \tag{7.12}$$

7.2 数据来源

本书数据来自于 2013—2022 年《中国统计年鉴》《中国农村统计年鉴》，其中水稻、小麦、玉米、大豆、棉花和蔬菜的种植面积来源于《中国农村统计年鉴》；牛、羊、猪、马、驴、骡和骆驼的养殖数量来源于《中国农村统计年鉴》；化肥、农药、农膜、柴油的使用量以及翻耕面积和灌溉面积来源于《中国统计年鉴》。利用上述数据测算了西部地区农业碳排放的地区差异以及动态演进。

7.3　西部地区农业碳排放地区差异分析

基于西部地区农业碳排放的计算结果，通过 MATLAB 软件使用 Dagum 基尼系数计算 2012—2021 年西部地区农业碳排放的总基尼系数、西北与西南地区的地区内差距和地区间差距的基尼系数，并分解其贡献率，从而分析各地区的差异及来源，结果如表 7.1 所示。

表 7.1　西部地区农业碳排放的 Dagum 基尼系数及其分解结果

年份	西部总体	地区内差距		地区间差距	贡献率/%		
		西北	西南	西北—西南	地区内	地区间	超变密度
2012	0.326	0.319	0.315	0.335	39.853	28.283	31.864
2013	0.328	0.327	0.314	0.336	42.691	28.073	29.236
2014	0.338	0.347	0.311	0.346	32.666	29.026	38.308
2015	0.339	0.351	0.309	0.348	43.235	27.794	28.971
2016	0.340	0.351	0.310	0.349	60.548	25.949	13.503
2017	0.343	0.357	0.312	0.351	42.361	28.510	29.129
2018	0.347	0.365	0.311	0.356	53.582	26.840	19.578
2019	0.352	0.372	0.310	0.361	55.831	27.546	16.623
2020	0.345	0.361	0.308	0.354	55.006	27.418	17.577
2021	0.348	0.363	0.310	0.357	56.373	26.667	16.960

7.3.1　西部总体差异

根据西部地区农业碳排放的总基尼系数变化曲线可知，在 2012—2021 年，西部地区农业碳排放总体差异呈现波动上升趋势，具体呈现为"上升—下降—上升"。其中 2019 年达到极大值，为 0.352；2012 年为极小值，为 0.326。以 2012 年为基期，年均增长率达到了 0.22%，说明西部地区农业碳排放的总体差距在逐渐扩大，具体趋势如图 7.1 所示。

7.3.2　地区内差异

纵观 2012—2021 年西部地区中的西北与西南两大地区的内部差异，两大地区的变化态势各不相同。首先，依据十年两大地区内差异基尼系数的平均值可知，西北地区内差异最大，平均基尼系数为 0.351；西南地区次之，平均基尼系数为 0.311。由此对十年西部地区

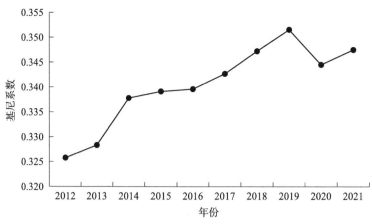

图 7.1　2012—2021 年西部地区农业碳排放总体差异及演变趋势

内的差异演变趋势进行分析。西北地区农业碳排放地区内差异总体呈现波动上升趋势，具体呈现为"上升—下降—上升"，与西部地区总体差异变化趋势保持一致，西北地区内差异年均增长率约为0.44%，2012—2019 年一直处于上升趋势，2020 年下降，2021 年回升。西北地区内出现差异的主要原因是陕西省等地区主要以作物种植为主，而青海省等一些地区主要以畜牧养殖为主，农业碳排放的主要来源不同导致农业碳排放差异较大，并且西北地区各省份之间的面积相差很大，例如新疆维吾尔自治区和宁夏回族自治区的土地面积相差甚远，同时，例如陕西省、新疆维吾尔自治区等与宁夏回族自治区等省份经济基础以及科技水平差距较大。因此，西北地区内各省份的农业碳排放量差距还是较大的。西北地区的差异也是造成西部地区农业碳排放量差距的主要原因。

西南地区农业碳排放的地区内差异一直处于较稳定水平，基尼系数一直处于0.30～0.32，2012—2015 年呈现下降趋势，2016—2021 年一直处于震荡趋势，总体上呈现下降趋势，年均下降率为0.04%（图7.2）。其主要原因是西南地区各省份除西藏外都以种植业为主，并且西南地区各省份的土地面积相差不大，各省份的经济基础、科技水平等同样呈现出相似的状态，这就导致西南地区内农业碳排放差异并不显著。

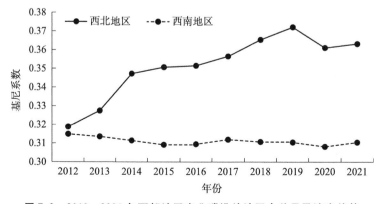

图 7.2　2012—2021 年西部地区农业碳排放地区内差异及演变趋势

7.3.3　地区间差异

纵观 2012—2021 年西部地区中的西北与西南两大地区间的差异，根据地区间的平均基尼系数来看，近十年西北地区与西南地区间的平均基尼系数为 0.349。西北地区与西南地区农业碳排放地区间差异总体呈现波动上升趋势，具体呈现为"上升—下降—上升"，与西部地区总体差异变化趋势保持一致，西北地区内基尼系数年均增长率约为 0.23%，2012—2019 年一直处于上升趋势，2020 年下降，2021 年回升（图 7.3）。究其原因，在于西北与西南地区间的农业发展模式不太相同以及推动农业现代化进程的速度差距还是较为明显；另外，西北地区与西南地区间的经济发展水平差距也较大。整体而言，西南地区经济基础相较于西北地区更好，例如四川、重庆等省份拉动了西南地区整体的经济水平，因此，西北地区与西南地区间的差异也在不断上升。

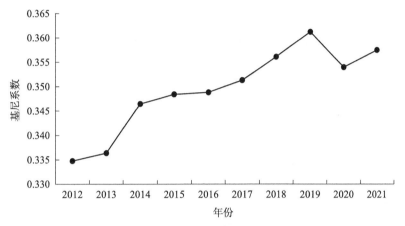

图 7.3　2012—2021 年西部地区农业碳排放地区间差异及演变趋势

7.3.4　地区差异来源及贡献率

根据西部地区农业碳排放的地区差异三大来源贡献率计算其平均值，结果显示地区内差异贡献率最高，说明西部地区各省份间的差异是西部地区农业碳排放总体差异的重要来源，可以将低碳农业发展较好省份的经验推广到高碳排放的省份，从而推动西部地区整体碳排放降低。具体分析为，2012—2021 年，西部地区农业碳排放地区差异的三大来源变化趋势存在较大差异，地区间差异贡献率小幅波动，地区内差异贡献率和超变密度贡献率呈现完全相反的趋势。其中，地区间差异贡献率为"小幅波动、趋于下降"的态势，由 2012 年 28.28% 的贡献率下降至 2021 年的 26.67%，以 2012 年为基期，下降率达 0.53%。超变密度贡献率变化趋势与地区内贡献率完全相反，2012 年超变密度贡献率为 31.86%，随后下降至 2013 年的 29.24%，又于 2014 年突然上升至 38.31%，后大幅下降至 2016 年的 13.50%，于 2017 年短暂上升至 29.13%，后表现出缓慢下降趋势，一直到 2021 年的 16.96%，相较于 2012 年下降了近 15 个百分点（图 7.4）。

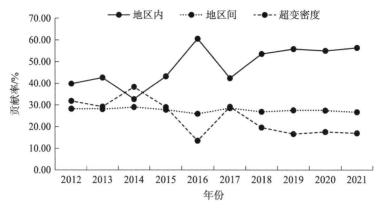

图 7.4　西部地区农业碳排放地区差异来源贡献及演变趋势

7.4　西部地区农业碳排放动态演进分析

在后续分析中应用 Kernel 密度估计，通过观察分布动态演进图，从绝对差异的角度获取西部地区、西北地区、西南地区发展的分布态势、极化趋势等信息。

7.4.1　西部地区农业碳排放动态演进

图 7.5 整体上描绘了西部地区农业碳排放在考察期内的总体演变情况。综合来看，密度函数中心先向左偏移再向右偏移，其中 2012 年峰值明显高于基期。与 2012 年相比，2019 年的曲线形态变化并不大，但是密度函数中心向左移动并且峰值降低，峰值由 2012 年的 1.017 下降到 2019 年的 0.894，由此说明该阶段西部地区农业碳排放省际差距开始拉大。与

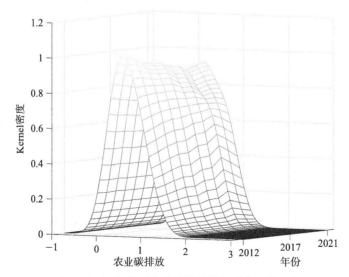

图 7.5　西部地区农业碳排放发展动态演进特征

2019 年相比，2021 年的密度函数中心向右移动并且峰值升高，峰值由 2019 年的 0.894 上升到 2021 年的 0.929，由此说明该阶段西部地区农业碳排放省份之间的差距在逐渐缩小。增长幅度相比于前几年下降幅度并不算大，由此说明该阶段西部地区农业碳排放省域差距缩小，但是缩小幅度也相对较小。在 10 年间，密度函数的形态基本都是以单峰为主。因此，说明西部地区的农业碳排放主要呈现集中趋势。各省份之间的农业发展模式选择的不同影响了西部地区各省份之间的农业产业结构的调整方向，以及推进农业现代化进程速度，从而最终导致了前几年西部地区农业碳排放省域差距越来越大。

7.4.2　西北地区农业碳排放动态演进

图 7.6 整体上描绘了西北地区农业碳排放在考察期内的总体演变情况。综合来看，密度函数中心先向右偏移再向左偏移，其中 2020 年峰值明显高于基期。与 2012 年相比，2014 年密度函数峰值降低，峰值由 2012 年的 0.846 下降到 2014 年的 0.813，由此说明该阶段西北地区农业碳排放的省际差距开始拉大。与 2014 年相比，2017 年的密度函数中心向右移动并且峰值升高，峰值由 2014 年的 0.813 上升到 2017 年的 0.874，由此说明该阶段西北地区农业碳排放的省际差距在逐渐缩小。相较于 2017 年，2018 年的密度函数中心向左偏移并且峰值有所降低，由 2017 年的 0.874 下降到 2018 年的 0.856，下降幅度与前几年相比并不算大，由此说明该阶段西北地区农业碳排放省域差距扩大，但是扩大幅度也相对较小。相较于 2018 年，2020 年的密度函数峰值升高，峰值由 2018 年的 0.856 上升到 2020 年的 0.871，由此说明该阶段西北地区农业碳排放省际差距在逐渐缩小。相较于 2020 年，2021 年的密度函数中心向左移动并且峰值降低，峰值由 2020 年的 0.871 下降到 2021 年的 0.857，由此说明该阶段西北地区农业碳排放的省际省份差距开始拉大。在 10 年间，2018—2021 年的密度函数形态主要呈现"一大一小"双峰组成，这说明西北地区的农业碳排放省际差距在扩大；2018 年前密度函数的形态基本都是以单峰为主，说明西北地区的农业碳排放的省际差距相较于前几年开始扩大。西北地区由于各省份之间农业发展模式不同，某些省份以种植业为主，

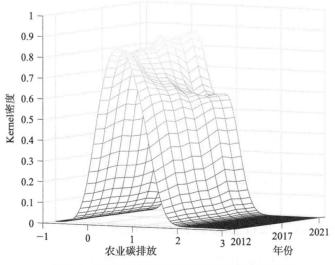

图 7.6　西北地区农业碳排放发展动态演进特征

某些省份以畜牧业为主，并且发展农业的基础各不相同，例如新疆、陕西等省份经济条件相较于其他省份处于良好状态，且陕西省科技水平更高，能够有效控制农业碳排放，因此，西北地区在近几年省际差距较大。西部地区应当将发展低碳农业的经验在各省份之间相互学习，使得各省份之间的交流更加密切。

7.4.3 西南地区农业碳排放动态演进

图 7.7 整体上描绘了西南地区农业碳排放在考察期内的总体演变情况。综合来看，密度函数中心先向左偏移再向右偏移，其中 2012 年峰值明显高于基期。与 2012 年相比，2017 年的曲线形态变化不大，但是密度函数中心向左移动并且峰值降低，峰值由 2012 年的 0.848 下降到 2017 年的 0.807，由此说明该阶段西南地区农业碳排放的省际差距有所扩大。与 2017 年相比，2018 年的密度函数的峰值上升，峰值由 2017 年的 0.807 上升到 2018 年的 0.809，由此说明该阶段西南地区农业碳排放的省际差距有所下降。相较于 2018 年，2019 年的密度函数的峰值有所下降，由 2018 年的 0.809 下降到 2019 年的 0.795，说明在该阶段西南地区农业碳排放省际差异有所扩大，但是扩大幅度与前几年幅度相比并没有那么大。相较于 2019 年，2021 年的密度函数中心的峰值升高，峰值由 2019 年的 0.795 上升到 2021 年的 0.833，由此说明该阶段西南地区农业碳排放的省际差距在逐渐缩小。但是纵观 2012—2021 年西南地区整体演变情况，2017—2020 年西南地区农业碳排放都是处于"一主一次"的双峰格局，但是变化区间不大，因此，可以得出西南地区省域区间的农业碳排放的地区差异还是存在，2021 年西南地区农业碳排放又回到单峰格局，说明西南地区农业碳排放的省际差异在不断弱化。

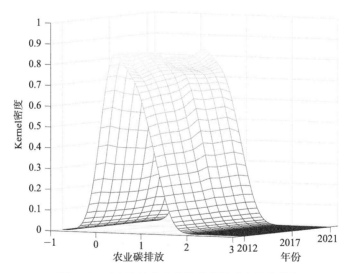

图 7.7　西南地区农业碳排放发展动态演进特征

7.4.4 西部地区作物种植碳排放动态演进

图 7.8 整体上描绘了西部地区作物种植碳排放在考察期内的总体演变情况。综合来看，密度函数中心先向左偏移再向右偏移，其中 2012 年峰值明显高于基期。与 2012 年相比，

2017 年的曲线形态变化不大，但是密度函数的峰值降低，峰值由 2012 年的 1.211 下降到 2017 年的 1.168，由此说明该阶段西部地区作物种植碳排放的省际差距有所扩大。与 2017 年相比，2018 年的密度函数的峰值有所上升，峰值由 2017 年的 1.168 上升到 2018 年的 1.164，由此说明该阶段西部地区作物种植碳排放的省际差距有所下降。相较于 2018 年和 2019 年的密度函数峰值有所下降，由 2018 年的 1.164 下降到 2019 年的 1.158，说明在该阶段西部地区作物种植碳排放的省际差距有所扩大。相较于 2019 年，2021 年的密度函数峰值有所升高，峰值由 2019 年的 1.158 上升到 2021 年的 1.163，由此说明该阶段西部地区作物种植碳排放的省际差距呈现下降趋势。纵观 2012—2021 年西部地区作物种植整体演变情况，其演变格局都是处于"一主一次"的双峰格局，但是变化区间不大，因此，可以得出西部地区省域区间的作物种植碳排放的地区差异还是存在。

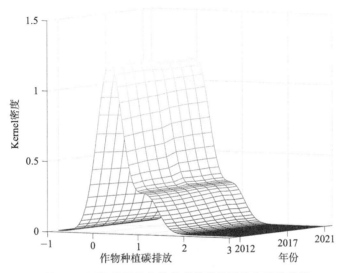

图 7.8　西部地区作物种植碳排放发展动态演进特征

7.4.5　西部地区牲畜养殖碳排放动态演进

图 7.9 整体上描绘了西部地区牲畜养殖碳排放在考察期内的总体演变情况。综合来看，密度函数中心先向左偏移再向右偏移，其中 2015 年峰值明显高于基期。与 2012 年相比，2014 年的曲线形态变化不大，但是密度函数的峰值降低，峰值由 2012 年的 1.022 下降到 2014 年的 0.997，由此说明该阶段西部地区牲畜养殖碳排放的省际差距有所扩大。与 2014 年相比，2015 年的密度函数的峰值有所上升，峰值由 2014 年的 0.997 上升到 2015 年的 1.008，由此说明该阶段西部地区牲畜养殖碳排放的省际差距有所下降。相较于 2015 年，2020 年的密度函数峰值有所下降，由 2015 年的 1.008 下降到 2020 年的 0.899，说明在该阶段西部地区牲畜养殖碳排放的省际差距在逐渐扩大。相较于 2020 年，2021 年的密度函数峰值有所升高，峰值由 2020 年的 0.899 上升到 2021 年的 0.952，由此说明该阶段西部地区牲畜养殖排放的省际差异在逐步缩小。纵观西部地区牲畜养殖 2012—2021 年整体演变情况，其演变格局都是处于单峰格局并且变化区间不大，因此，可以得出西部地区省域区间的牲畜养殖碳排放的地区差异在逐渐弱化。

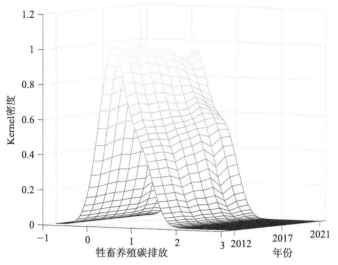

图 7.9 西部地区牲畜养殖碳排放发展动态演进特征

7.4.6 西部地区农用物资投入碳排放动态演进

图 7.10 整体上描绘了西部地区农用物资投入碳排放在考察期内的总体演变情况。综合来看，密度函数中心向左偏移，其中 2019 年峰值明显高于基期。与 2012 年相比，2015 年的密度函数的峰值升高，峰值由 2012 年的 0.864 上升到 2015 年的 0.911，由此说明该阶段西部地区农用物资投入碳排放的省际差距有所缩小。与 2015 年相比，2017 年的密度函数的峰值有所下降，峰值由 2015 年的 0.911 下降到 2017 年的 0.891，由此说明该阶段西部地区农用物资投入碳排放的省际差距呈扩大趋势。相较于 2017 年，2019 年的密度函数峰值有所上升，由 2017 年的 0.891 上升到 2019 年的 0.944，说明在该阶段西部地区农用物资投入碳排放省际差距在逐渐缩小。相较于 2019 年，2021 年的密度函数峰值有所下降，峰值由 2019 年的 0.944 下降到 2021 年的 0.910，由此说明该阶段西部地区农用物资投入排放的际差异在逐

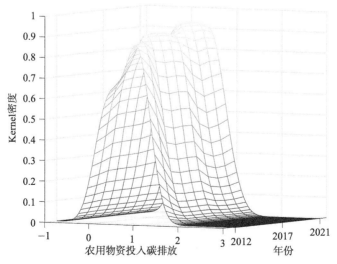

图 7.10 西部地区农用物资投入碳排放发展动态演进特征

步扩大。纵观 2012—2021 年西部地区农用物资投入整体演变情况，其演变格局除 2012—2013 年都是处于单峰格局并且变化区间不大，因此，可以得出西部地区农用物资投入碳排放省际差距还是存在。

7.5　小　结

西部地区农业碳排放的总体差异在近十年不断上升，其中地区内差异是造成总体差异的主要原因，地区内差异比地区间差异要大。西部地区的农业碳排放省际差距在近几年开始不断缩小，包括西北地区和西南地区，但是从碳排放来源来看，在 2019—2021 年西部地区作物种植和牲畜养殖造成的碳排放省际差距不断扩大，只有农业物资投入造成的碳排放在近几年省际差距不断缩小，因此，西部地区农业碳排放省际差距缩小的主要原因是农业物资投入造成的。

第 8 章

西部地区农业碳排放影响因素研究

本章在测算出西部地区农业碳排放的基础上利用 LMDI 模型对西部地区农业影响因素进行分解，从而为西部地区农业碳减排策略打下基础。

8.1 研究方法

由于 LMDI 具有分解结果无残差项，加法、乘法分解可以相互转化且无须借助投入产出数据作为依托等优点，被学者们大量用于能源消费和能源强度的因果分析中。因此，本书使用 LMDI 模型对农业碳排放影响因素进行分解，参考相关研究（卢东宁 等，2022），将西部地区的农业碳排放影响因素分解为效率因素、结构因素、经济因素、劳动力因素 4 个方面构建农业碳排放分解公式：

$$C = \frac{C}{\text{AGDP}}(a) \times \frac{\text{AGDP}}{\text{TGDP}}(b) \times \frac{\text{TGDP}}{\text{TP}}(d) \times \text{TP}(f) \qquad (8.1)$$

式中，C 为农业碳排放量，AGDP 为农业生产总值，TGDP 为生产总值，TP 为人口总数，a 为农业生产效率，b 为农业产业结构，d 为经济发展水平，f 为人口规模。

$$\Delta a = \sum \frac{C^T - C^O}{\ln C^T - \ln C^O} \ln \frac{a^T}{a^O} \qquad (8.2)$$

$$\Delta b = \sum \frac{C^T - C^O}{\ln C^T - \ln C^O} \ln \frac{b^T}{b^O} \qquad (8.3)$$

$$\Delta d = \sum \frac{C^T - C^O}{\ln C^T - \ln C^O} \ln \frac{d^T}{d^O} \qquad (8.4)$$

$$\Delta f = \sum \frac{C^T - C^O}{\ln C^T - \ln C^O} \ln \frac{f^T}{f^O} \qquad (8.5)$$

$$\Delta C = \Delta a + \Delta b + \Delta d + \Delta f \qquad (8.6)$$

式中，Δa、Δb、Δd、Δf 分别代表 T 年相对于基期各因素变化导致农业碳排放量的变化值；ΔC 为上述四种驱动因素导致农业碳排放变化的总贡献值。

8.2　数据来源

本章数据来自于 2013—2022 年《中国统计年鉴》《中国农村统计年鉴》，其中水稻、小麦、玉米、大豆、棉花和蔬菜的种植面积来源于《中国农村统计年鉴》；牛、羊、猪、马、驴、骡和骆驼的养殖数量来源于《中国农村统计年鉴》；化肥、农药、农膜、柴油的使用量以及翻耕面积和灌溉面积来源于《中国统计年鉴》，利用上述数据测算了西部地区总体及其 12 个省份的农业碳排放的影响因素。

8.3　西部地区农业碳排放影响因素分解结果

8.3.1　西部地区总体影响因素分解

将西部地区农业碳排放驱动因素分解为农业生产效率因素、农业产业结构因素、经济发展水平因素和人口规模因素（表 8.1）。农业生产效率因素和农业产业结构因素可以有效抑制西部地区农业碳排放增长。其中，农业生产效率因素对西部地区农业碳排放的抑制效果最显著，该要素累计为西部地区农业碳排放减少了 2172.46 万吨，农业产业结构对农业碳排放的抑制作用较弱，农业碳减排的累计贡献为 347.83 万吨。经济发展水平因素对于西部地区农业碳排放具有显著的促进作用，农业碳排放累计贡献了 2451.19 万吨，说明西部地区的农业经济还处在快速发展时期，但是随着生态友好型农业不断发展，并且农业技术向着低碳化发展，西部地区农业碳排放也得到有效抑制。人口规模因素对农业碳排放总体呈现出促进作用，但效果相对较弱，累计为农业碳排放贡献了 111.55 万吨，发展到 2017 年以后，人口规模因素对农业碳排放的促进作用越来越少，到了 2021 年甚至对农业碳排放起到了抑制作用，这主要是由于西部地区的人口开始向东部发达地区流入，从事农业的人员也越来越少，人口也从第一产业向第二、三产业转移，导致西部地区人口流失较为严重，因此，人口规模因素对西部地区农业碳减排影响越来越弱。

表 8.1　西部地区总体 LMDI 模型驱动因素分解结果

年份	农业生产效率	农业产业结构	经济发展水平	人口规模	总效应
2012—2013	−247.47	−20.87	348.91	17.37	97.94
2013—2014	−16.10	−179.93	310.53	24.38	138.83
2014—2015	−96.53	16.42	125.74	27.94	73.57

年份	农业生产效率	农业产业结构	经济发展水平	人口规模	总效应
2015—2016	−218.47	−26.56	234.19	30.29	19.46
2016—2017	−115.67	−195.78	212.66	31.44	−67.35
2017—2018	−340.30	−110.94	326.73	19.35	−105.16
2018—2019	−427.05	−16.09	335.47	19.32	−88.36
2019—2020	−432.10	296.30	106.81	13.22	−15.77
2020—2021	−278.73	−110.38	450.16	−2.66	58.39

8.3.2 陕西省

农业生产效率因素和农业产业结构因素都有不同程度地推进陕西省农业碳减排，经济发展水平因素和人口规模因素会增加陕西省农业碳排放（表8.2）。2012—2021年，农业生产效率因素和农业产业结构因素分别累计为陕西省实现213.09万吨和56.78万吨碳减排；经济发展水平因素和人口规模因素为陕西省分别增加了231.68万吨和14.83万吨碳排放。其中，农业生产效率因素对陕西省农业碳排放增长具有显著的抑制作用，经济发展水平因素对陕西省农业碳排放具有明显的促进作用。陕西省作为西部地区的农业大省，种植业占据农业GDP的重要地位，2021年陕西省农业GDP相较于2012年净增加了1039.23亿元，增幅达到了75.85%。表明陕西省将保持农业稳步发展，促进经济发展作为未来一段时期内的目标，因此，农业经济发展水平因素在未来还是作为陕西省农业碳排放增加的主要因素。陕西省作为西部地区较为发达的省份，科技使用率较高。因此，农业生产效率因素对陕西省农业碳减排效果最为显著。

表 8.2　陕西省 LMDI 模型驱动因素分解结果

年份	农业生产效率	农业产业结构	经济发展水平	人口规模	总效应
2012—2013	−31.67	1.15	34.80	1.56	5.83
2013—2014	−17.67	−25.09	31.72	2.09	−8.95
2014—2015	−4.09	0.72	4.68	1.70	3.01
2015—2016	−18.31	−5.25	22.98	2.51	1.93
2016—2017	−9.20	−32.45	39.39	2.68	0.43
2017—2018	−20.05	−20.76	35.58	2.38	−2.85
2018—2019	−51.62	10.05	16.85	1.10	−23.62
2019—2020	−40.71	37.01	3.94	0.87	1.12
2020—2021	−19.77	−22.15	41.74	−0.06	−0.23

8.3.3 甘肃省

农业生产效率因素、农业产业结构因素和人口规模因素都有不同程度地推进甘肃省农业碳减排，经济发展水平因素会增加甘肃省农业碳排放（表 8.3）。2012—2021 年，农业生产效率因素、农业产业结构因素和人口规模因素分别累计为甘肃省实现 171.34 万吨、16.23 万吨和 6.92 万吨碳减排；经济发展水平因素为甘肃省增加了 179.85 万吨碳排放；各因素累计为甘肃省实现了 14.63 万吨碳减排。其中，农业生产效率因素对甘肃省农业碳排放增长具有显著的抑制作用，经济发展水平因素对甘肃省农业碳排放具有明显的促进作用。

甘肃省的种植业占据农业 GDP 的重要地位，2021 年甘肃省农业 GDP 相较于 2012 年净增加了 584.22 亿元，增幅达到了 74.85%。同时，甘肃省经济相对落后，人口外流较为严重，从事农业的人口逐步向第二、三产业转移。因此，人口规模因素对甘肃省农业碳排放起到了碳减排的作用。

表 8.3　甘肃省 LMDI 模型驱动因素分解结果

年份	农业生产效率	农业产业结构	经济发展水平	人口规模	总效应
2012—2013	−22.00	4.60	32.31	−1.52	13.39
2013—2014	5.36	−19.47	27.65	−0.73	12.81
2014—2015	−11.43	20.57	−1.17	−1.01	6.96
2015—2016	−11.94	−9.14	19.27	−0.38	−2.19
2016—2017	10.78	−51.89	10.58	0.24	−30.29
2017—2018	−32.59	−8.82	29.27	−0.79	−12.94
2018—2019	−43.34	20.70	15.92	−0.65	−7.38
2019—2020	−34.94	26.50	10.03	−0.92	0.67
2020—2021	−31.25	0.72	36.00	−1.15	4.33

8.3.4　青海省

农业生产效率因素会推进青海省农业碳减排，而经济发展水平因素、农业产业结构因素和人口规模因素会不同程度地增加青海省农业碳排放（表 8.4）。2012—2021 年，农业生产效率因素累计为青海省实现 33.16 万吨碳减排；经济发展水平因素、农业产业结构因素和人口规模因素分别为青海省增加了 6.61 万吨、29.80 万吨和 2.21 万吨碳排放；各因素累计为青海省增加了 5.45 万吨碳排放。其中，农业生产效率因素对青海省农业碳排放增长具有显著的抑制作用，经济发展水平因素对青海省农业碳排放具有明显的促进作用。青海省的畜牧业占据农业 GDP 的重要地位，2021 年青海省农业 GDP 相较于 2012 年净增加了 175.74 亿元，增幅达到了 99.34%。同时，青海省的地形气候相对特殊，主要以畜牧业为主。因此，应当优化农业产业结构，从而降低农业碳排放。

表 8.4　青海省 LMDI 模型驱动因素分解结果

年份	农业生产效率	农业产业结构	经济发展水平	人口规模	总效应
2012—2013	−7.80	3.03	5.64	0.00	0.87

年份	农业生产效率	农业产业结构	经济发展水平	人口规模	总效应
2013—2014	−2.14	−2.87	4.55	0.48	0.01
2014—2015	2.67	−4.47	2.56	0.10	0.86
2015—2016	−2.79	−0.30	2.99	0.48	0.39
2016—2017	−1.51	3.14	0.76	0.39	2.78
2017—2018	−9.33	1.71	4.93	0.10	−2.60
2018—2019	−9.66	4.59	1.60	0.28	−3.19
2019—2020	1.36	4.99	0.49	0.27	7.11
2020—2021	−3.96	−3.21	6.28	0.12	−0.77

8.3.5 宁夏回族自治区

农业生产效率因素和农业产业结构因素都有不同程度地推进宁夏回族自治区农业碳减排，经济发展水平因素和人口规模因素会增加宁夏回族自治区农业碳排放（表8.5）。2012—2021年，农业生产效率因素和农业产业结构因素分别累计为宁夏回族自治区实现43.04万吨和4.68万吨碳减排；经济发展水平因素和人口规模因素分别为宁夏回族自治区增加了47.39万吨和7.96万吨碳排放；各因素累计为宁夏回族自治区增加了7.63万吨碳排放。其中，农业生产效率因素对宁夏回族自治区农业碳排放增长具有显著的抑制作用，经济发展水平因素对宁夏回族自治区农业碳排放具有明显的促进作用。宁夏回族自治区的种植业占据农业GDP的重要地位，2021年宁夏回族自治区农业GDP相较于2012年净增加了165.08亿元，增幅达到了82.79%。

表8.5 宁夏回族自治区LMDI模型驱动因素分解结果

年份	农业生产效率	农业产业结构	经济发展水平	人口规模	总效应
2012—2013	−6.92	1.68	6.62	0.87	2.24
2013—2014	1.59	−8.08	4.35	1.48	−0.67
2014—2015	−6.88	2.90	3.94	0.73	0.69
2015—2016	−0.43	−5.72	5.73	1.33	0.91
2016—2017	−3.34	−3.91	5.78	1.20	−0.27
2017—2018	−10.96	3.07	5.48	0.59	−1.82
2018—2019	1.58	−0.94	0.15	0.81	1.60
2019—2020	−13.14	12.21	3.35	0.46	2.88
2020—2021	−4.53	−5.89	11.99	0.49	2.06

8.3.6 新疆维吾尔自治区

农业生产效率因素和农业产业结构因素都有不同程度地推进新疆维吾尔自治区农业碳减

排，经济发展水平因素和人口规模因素会增加新疆维吾尔自治区农业碳排放（表 8.6）。

表 8.6　新疆维吾尔自治区 LMDI 模型驱动因素分解结果表

年份	农业生产效率	农业产业结构	经济发展水平	人口规模	总效应
2012—2013	− 8.68	− 0.92	46.78	7.04	44.22
2013—2014	44.30	− 31.62	47.97	9.64	70.29
2014—2015	11.27	4.63	− 12.00	15.32	19.22
2015—2016	− 31.18	13.35	10.03	10.94	3.14
2016—2017	31.15	− 110.52	60.48	12.95	− 5.95
2017—2018	− 39.74	− 17.05	60.40	9.84	13.44
2018—2019	− 27.84	− 35.46	58.08	9.58	4.36
2019—2020	− 81.73	56.53	1.49	7.55	− 16.16
2020—2021	− 103.15	15.99	90.21	− 0.35	2.70

2012—2021 年，农业生产效率因素和农业产业结构因素分别累计为新疆维吾尔自治区实现 205.60 万吨和 105.06 万吨的碳减排；经济发展水平因素和人口规模因素分别为新疆维吾尔自治区增加了 363.44 万吨和 82.50 万吨的碳排放；各因素累计为新疆维吾尔自治区增加了 135.27 万吨碳排放。其中，农业生产效率因素对新疆维吾尔自治区农业碳排放增长具有显著的抑制作用，经济发展水平因素对新疆维吾尔自治区农业碳排放具有明显的促进作用。新疆维吾尔自治区的种植业占据农业 GDP 的重要地位，2021 年新疆维吾尔自治区农业 GDP 相较于 2012 年净增加了 1035.49 亿元，增幅达到了 78.41%。

8.3.7　内蒙古自治区

农业生产效率因素和人口规模因素都有不同程度地推进内蒙古自治区农业碳减排，经济发展水平因素和农业产业结构因素会增加内蒙古自治区农业碳排放（表 8.7）。2012—2021 年，农业生产效率因素和人口规模因素分别累计为内蒙古自治区实现 116.29 万吨和 12.25 万吨的碳减排；经济发展水平因素和农业产业结构因素分别为内蒙古自治区增加了 129.67 万吨和 81.08 万吨的碳排放；各因素累计为内蒙古自治区增加了 82.21 万吨的碳排放。其中，农业生产效率因素对内蒙古自治区农业碳排放增长具有显著的抑制作用，经济发展水平因素对内蒙古自治区农业碳排放具有明显的促进作用。内蒙古自治区的种植业和畜牧业占据农业 GDP 的重要地位，2021 年内蒙古自治区农业 GDP 相较于 2012 年净增加了 776.65 亿元，增幅达到了 53.61%。

表 8.7　内蒙古自治区 LMDI 模型驱动因素分解结果

年份	农业生产效率	农业产业结构	经济发展水平	人口规模	总效应
2012—2013	− 28.14	17.43	26.40	− 1.56	14.13
2013—2014	23.43	− 16.44	25.46	− 1.10	31.35
2014—2015	21.99	− 4.69	3.38	− 1.75	18.94

年份	农业生产效率	农业产业结构	经济发展水平	人口规模	总效应
2015—2016	-2.60	-2.05	8.81	-0.80	3.36
2016—2017	-5.39	61.52	-57.25	-0.60	-1.72
2017—2018	-42.12	-4.96	36.45	-2.17	-12.80
2018—2019	-34.04	30.53	-0.73	-1.36	-5.60
2019—2020	-45.65	34.71	6.30	-2.35	-6.99
2020—2021	-3.77	-34.97	80.85	-0.56	41.54

8.3.8 广西壮族自治区

农业生产效率因素和农业产业结构因素都有不同程度地推进广西壮族自治区农业碳减排，经济发展水平因素和人口规模因素会增加广西壮族自治区农业碳排放（表8.8）。2012—2021年，农业生产效率因素和农业产业结构因素分别累计为广西壮族自治区实现277.65万吨和13.11万吨的碳减排；经济发展水平因素和人口规模因素分别为广西壮族自治区增加了256.78万吨和31.92万吨的碳排放；各因素累计为广西壮族自治区降低了2.06万吨的碳排放。其中，农业生产效率因素对广西壮族自治区农业碳排放增长具有显著的抑制作用，经济发展水平因素对广西壮族自治区农业碳排放具有明显的促进作用。广西壮族自治区的种植业占据农业GDP的重要地位，2021年广西壮族自治区农业GDP相较于2012年净增加了1843.14亿元，增幅达到了84.84%。

表8.8 广西壮族自治区 LMDI 模型驱动因素分解结果

年份	农业生产效率	农业产业结构	经济发展水平	人口规模	总效应
2012—2013	-24.08	-9.97	40.50	3.53	9.99
2013—2014	-8.07	-25.97	35.64	3.75	5.35
2014—2015	-25.14	-3.94	28.15	3.94	3.02
2015—2016	-34.36	0.02	35.73	4.43	5.82
2016—2017	-25.72	8.11	0.43	4.73	-12.45
2017—2018	-34.02	-20.82	38.68	3.65	-12.51
2018—2019	-58.15	31.89	15.60	3.10	-7.56
2019—2020	-21.63	2.63	15.26	3.20	-0.55
2020—2021	-46.48	4.94	46.79	1.59	6.84

8.3.9 重庆市

农业生产效率因素和农业产业结构因素都有不同程度地推进重庆市农业碳减排，经济发展水平因素和人口规模因素会增加重庆市农业碳排放（表8.9）。2012—2021年，农业生产效率因素和农业产业结构因素分别累计为重庆市实现 132.17 万吨和 33.03 万吨的碳减排；经济发展水平因素和人口规模因素分别为重庆市增加了 146.67 万吨和 13.85 万吨碳排放；各因素累计为重庆市降低了 4.67 万吨碳排放。

表 8.9　重庆市 LMDI 模型驱动因素分解结果

年份	农业生产效率	农业产业结构	经济发展水平	人口规模	总效应
2012—2013	−12.08	−4.57	16.60	2.18	2.12
2013—2014	−5.64	−14.07	19.94	1.94	2.16
2014—2015	−14.05	−3.04	16.30	1.63	0.84
2015—2016	−24.46	0.71	19.94	2.39	−1.42
2016—2017	0.30	−20.32	14.52	1.98	−3.53
2017—2018	−16.85	5.33	7.35	1.08	−3.10
2018—2019	−25.37	−5.14	24.43	1.37	−4.70
2019—2020	−26.22	16.00	8.77	1.13	−0.32
2020—2021	−7.80	−7.93	18.83	0.17	3.27

其中，农业生产效率因素对重庆市农业碳排放增长具有显著的抑制作用，经济发展水平因素对重庆市农业碳排放具有明显的促进作用。重庆市的种植业占据农业 GDP 的重要地位，2021 年重庆市农业 GDP 相较于 2012 年净增加了 982.02 亿元，增幅达到了 104.47%。重庆市作为四大直辖市之一，经济发展较为迅速，农业产业较为多样化，因此，该因素对于重庆市农业碳排放具有促进作用。

8.3.10　四川省

农业生产效率因素和农业产业结构因素都有不同程度地推进四川省农业碳减排，经济发展水平因素和人口规模因素会增加四川省农业碳排放（表 8.10）。2012—2021 年，农业生产效率因素和农业产业结构因素分别累计为四川省实现 319.69 万吨和 145.97 万吨的碳减排；经济发展水平因素和人口规模因素分别为四川省增加了 410.18 万吨和 18.63 万吨的碳排放；各因素累计为四川省降低了 36.83 万吨碳排放。其中，农业生产效率因素对四川省农业碳排放增长具有显著的抑制作用，经济发展水平因素对四川省农业碳排放具有明显的促进作用。四川省的种植业占据农业 GDP 的重要地位，2021 年四川省农业 GDP 相较于 2012 年净增加了 2364.65 亿元，增幅达到了 71.72%。四川省作为西部地区经济较为发达的省份，经济发展较为迅速，农业产业较为多样化，同时四川省承接其余省份的廉价劳动力，因此，经济发展水平因素和人口规模因素对于四川省农业碳排放具有促进作用。

表 8.10　四川省 LMDI 模型驱动因素分解结果

年份	农业生产效率	农业产业结构	经济发展水平	人口规模	总效应
2012—2013	−23.33	−30.81	49.82	1.60	−2.73
2013—2014	−12.36	−28.51	42.88	1.99	4.01

年份	农业生产效率	农业产业结构	经济发展水平	人口规模	总效应
2014—2015	－19.03	－6.08	24.35	3.79	3.03
2015—2016	－36.49	－13.77	46.24	3.64	－0.38
2016—2017	－54.00	－18.62	60.03	2.48	－10.11
2017—2018	－34.65	－30.30	48.21	2.03	－14.72
2018—2019	－59.47	－27.48	67.80	1.84	－17.31
2019—2020	－78.60	51.53	19.63	1.18	－6.26
2020—2021	－1.76	－41.93	51.23	0.08	7.63

8.3.11　贵州省

农业生产效率因素会推进贵州省农业碳减排，经济发展水平因素、农业产业结构因素和人口规模因素会不同程度地增加贵州省农业碳排放（表8.11）。2012—2021年，农业生产效率因素累计为贵州省实现235.41万吨的碳减排；经济发展水平因素、农业产业结构因素和人口规模因素分别为贵州省增加了13.92万吨、193.76万吨和14.31万吨的碳排放；各因素累计为贵州省减少了13.42万吨的碳排放。其中，农业生产效率因素对贵州省农业碳排放增长具有显著的抑制作用，经济发展水平因素对贵州省农业碳排放具有明显的促进作用。贵州省的畜牧业占据农业GDP的重要地位，2021年贵州省农业GDP相较于2012年净增加了1839.01亿元，增幅达到了206.19%。贵州省作为经济较为落后的省份，主要以发展农业为主，十年间农业经济规模不断扩大，农业GDP翻了两番多，快速发展农业导致产业结构趋于不合理，贵州省地貌多以山区为主，廉价劳动力较多，因此，农业产业结构、经济发展水平以及人口规模因素是导致贵州省农业碳排放增长的主要因素。

表8.11　贵州省LMDI模型驱动因素分解结果

年份	农业生产效率	农业产业结构	经济发展水平	人口规模	总效应
2012—2013	－34.14	－2.48	27.96	2.43	－6.22
2013—2014	－35.00	14.20	26.22	2.41	7.85
2014—2015	－43.05	24.97	23.79	1.71	7.43
2015—2016	－22.85	0.74	21.06	2.79	1.73
2016—2017	－25.39	－8.99	26.34	2.46	－5.58
2017—2018	－17.39	－5.75	16.95	1.00	－5.18
2018—2019	－21.88	－13.48	22.67	1.31	－11.38
2019—2020	－19.85	8.71	10.96	0.48	0.30
2020—2021	－15.86	－4.02	17.80	－0.28	－2.36

8.3.12　云南省

农业生产效率因素和农业产业结构因素都有不同程度地推进云南省农业碳减排，经济发展水平因素和人口规模因素会增加云南省农业碳排放（表8.12）。2012—2021 年，农业生产效率因素和农业产业结构因素分别累计为云南省实现 390.62 万吨和 55.64 万吨的碳减排；经济发展水平因素和人口规模因素分别为云南省增加了 414.13 万吨和 5.93 万吨的碳排放；各因素累计为云南省降低了 26.21 万吨碳排放。

其中，农业生产效率因素对云南省农业碳排放增长具有显著的抑制作用，经济发展水平因素对云南省农业碳排放具有明显的促进作用。云南省的种植业占据农业 GDP 的重要地位，2021 年云南省农业 GDP 相较于 2012 年净增加了 2215.62 亿元，增幅达到了 133.91%。云南省经济发展在近些年较为迅速，农业 GDP 也翻了一倍多。因此，云南省应进一步提高农业生产经济效益，优化生产方式，合理促进经济增长，以降低农业碳排放。

表 8.12　云南省 LMDI 模型驱动因素分解结果

年份	农业生产效率	农业产业结构	经济发展水平	人口规模	总效应
2012—2013	−46.81	3.27	54.61	0.93	12.01
2013—2014	−6.57	−18.06	38.68	1.15	15.21
2014—2015	−6.28	−13.02	26.93	0.98	8.62
2015—2016	−24.26	−7.82	36.98	1.40	6.30
2016—2017	−28.32	−18.21	46.31	1.60	1.38
2017—2018	−79.21	−9.58	38.18	0.95	−49.66
2018—2019	−95.42	−27.36	107.11	0.97	−14.71
2019—2020	−67.02	46.88	21.43	0.71	2.00
2020—2021	−36.74	−11.74	43.89	−2.77	−7.36

8.3.13　西藏自治区

农业生产效率因素和农业产业结构因素都有不同程度地推进西藏自治区农业碳减排，经济发展水平因素和人口规模因素会增加西藏自治区农业碳排放（表8.13）。2012—2021 年，农业生产效率因素和农业产业结构因素分别累计为西藏自治区实现 34.42 万吨和 18.93 万吨的碳减排；经济发展水平因素和人口规模因素分别为西藏自治区增加了 47.84 万吨和 7.68 万吨碳排放；各因素累计为西藏自治区增加了 2.16 万吨的碳排放。其中，农业生产效率因素对西藏自治区农业碳排放增长具有显著的抑制作用，经济发展水平因素对西藏自治区农业碳排放具有明显的促进作用。西藏自治区的种植业占据农业 GDP 的重要地位，2021 年西藏自治区农业 GDP 相较于 2012 年净增加了 83.74 亿元，增幅达到了 104.18%。西藏自治区经济发展在近些年较为迅速，农业 GDP 翻了一倍多，西藏少数民族较多且地域面积较大，劳动力不太会往其他省份溢出。因此，经济发展水平和人口规模因素是导致西藏自治区农业碳排放增长的主要因素。

表 8.13　西藏自治区 LMDI 模型驱动因素分解结果

年份	农业生产效率	农业产业结构	经济发展水平	人口规模	总效应
2012—2013	− 1.82	− 3.28	6.87	0.32	2.10
2013—2014	− 3.37	− 3.97	5.47	1.28	− 0.59
2014—2015	− 2.52	− 2.12	4.82	0.79	0.97
2015—2016	− 8.81	2.68	4.44	1.56	− 0.14
2016—2017	− 5.01	− 3.65	5.29	1.33	− 2.04
2017—2018	− 3.40	− 3.00	5.26	0.71	− 0.43
2018—2019	− 1.84	− 4.00	5.99	0.98	1.13
2019—2020	− 3.99	− 1.41	5.16	0.64	0.41
2020—2021	− 3.67	− 0.18	4.53	0.06	0.75

8.4　小　结

在影响西部地区农业碳排放的驱动因素中，农业生产效率因素和农业产业结构因素对农业碳排放具有抑制作用，农业生产效率因素的抑制作用大于农业产业结构因素。经济发展水平因素和人口规模因素对农业碳排放具有促进作用，经济发展水平因素的促进作用大于人口规模因素。

第 9 章

国外低碳农业发展的经验总结

农业作为国民经济基础产业，关系到老百姓的根本利益，农业的绿色化发展是客观存在的事实、是符合社会经济发展规律的客观要求，也是实现生态目标的重要举措。农业作为全球温室气体的重要排放源，各国都应主动地承担责任，减少温室气体排放。从全球人为碳排放的角度来看，农业是继能源产业和工业产业之后的产业，如果将土地利用碳排放也计算在内，与农业、食品等相关的产业则成为全球人为碳排放的首位。为使农业能够更好地、更快地发展，实现农业作为一个国家经济发展的基石，在降低农业碳排放上也做出了诸多努力（杜建国，2019），通过借鉴国外经验，为加快推进我国农业绿色发展，以形成与"双碳"目标相契合的农业发展思路。

9.1　农地耕作

澳大利亚将"半干旱区"的休耕方式作为一种全新的开发方式，既可增强农田植被的固碳性能，促进农作物的生长，又可避免昂贵的人工林（戴毅豪 等，2017）。法国采用了更多的畜禽粪便和无机氮混合肥料，从而提高了土壤的固碳能力。部分地区用草原取代耕地，以放牧为主，从而提高了固碳量。美国、印度等国家已经创建了利用稻草生产电力的环保农业。澳大利亚是通过转变家畜饲喂方式，引进了生物饲喂方式来发展家畜养殖业。在一个拥有更多土地和发展更迅速的国家，其农业产生的 CO_2 排放量也会更多。这些污染物大多来自于从动物体内释放的甲烷。降低家畜的甲烷浓度，提高家畜的食量，降低家畜的脏器排泄量是降低家畜甲烷浓度的重要途径。澳大利亚为了降低家畜的含氮量，采取了向家畜添加油脂种子、采用精制的日粮和调整日粮比例等措施。并对其进行了深度处理，试图降低其排放。针对类似的问题，日本也采取了相应的措施，即设立了卫生安全监测系统，并对产生的污染进行了及时的剖析，从而达到降低污染的目的（王新 等，2022）。

美国农田休耕轮耕是其发展的重要趋势，通过间歇耕作，实现农田持续多年耕作、水土流失严重的农田的自适应调控，为其提供养分、清洁的空间与能力。在此过程中，要尽可能地减少人为的土地干扰，这在一定程度上降低了土地破坏强度，为土地提供了进行自我休整的空间，这对土地中的有机养分的恢复具有非常关键的作用，在一定程度上可以减少农药肥料的使用，从而达到减少农业碳排放，实现农业节能减排，增加了土壤的储碳能力（杜建国，2019）。2017 年美国 80% 的耕地实施了保护性耕作，包括传统作物（如玉米、小麦、大豆）和经济作物（如棉花、蔬菜）（刘波，2018）。在美国，保护耕地系统是一种不可避免的发展方向。针对不同的农作物，采取了差异化的生产布局，以农作物的生长环境的需求和环境气候特征为依据，将农作物进行分区，努力实现对有限的土地资源的合理、平衡、高效地使用，将生态农业的发展效益发挥到极致。

在日本，有机农业是发展低碳农业的主流趋势，也是其发展路径。日本从申请、调查到审核确认、颁发证书等方面，对其进行了严密的控制。印度从 1960 年起就重视发展低碳农业，实施"绿色革命"，通过对农户进行科学施肥、灌溉技术、种植优质丰产作物等方面的引导，对推进乡村发展起到了重要作用。

德国采用以科技和地理为主的开发方针，注重地理信息系统（GIS）、全球定位系统（GPS）和遥感技术（RS）等"3S"技术的运用（李心颖 等，2011）。在农业机械设备上，加装了接收信号装置，经过计算机的分析和综合，能够确定播种面积最适合的作物以及肥料的用量，并能够构建预测模型，进行准确的预测。

瑞典是全球最大的生态农场国家之一。利用自然肥料（牛、羊、猪粪便）和人工除草等方法改善土地质量。为了维持土壤肥力和减少病虫害，也采取四年轮作制，轮种小麦、豆子、牧草和燕麦等作物（程宇航，2011）。

欧盟采取的是轮耕 + 补贴发展方式，在土地上采取休耕和土地轮耕制度，在休耕的土地上种植可再生原料，欧盟规定，只要种植非食用性作物，也可以获得农业休耕补贴，这种方式不但可以改善土壤的肥力，还可以生产可降解纤维等，对降低农业碳排放起到了很大的效果（杜建国，2019）。

加拿大采取的是保守的农业和人工造林的开发方式。例如，在种植方式上，以轮作方式种植的田区，其碳排放量明显高于杂交种田区。在某些区域采取与自然环境相适应的、与矿物资源相融合的农业生产方式，以降低矿物资源的消耗。同时，部分区域还出现了以林业为代表的"林农"模式，实现了林业植被和农业的互补。加拿大以植树造林来增加其碳储量，并以生物质能来补偿石油化学工业所需的消耗。采用以大豆为主的农作物和以大豆为主的轮作方式，提高了农田的固碳性能。

9.2 目标规划

英国近年来推出"清洁 + 环保 + 低碳 + 繁荣"的四合一发展战略，提出了一些关于农业如何降低碳排放，让农业发展变得更环保的建议（舒璜，2020）。此外，英国还建立了一个五年期的碳预算机制，在财政层面上达到节约能源、减少排放的目的。英国发布的《能源白皮书》提到，在发展过程中，要对 CO_2 进行控制，力图达到经济发展的碳足迹为零。英国在 2009 年发布了《低碳转型发展规划》，并在此基础上，进一步推动由传统的农业向更为绿色和清洁的新型农业发展方式转化。英国的农业开发项目，是英国政府的重要财政支持项目，其目的是减少污染，减少水资源、肥料等资源的消耗。美国提出为期六年的碳封存计划，提高碳汇能力。2006 年提出先进能源计划，从事低碳能源的使用和开发（刘铁 等，2011）。

以英国，德国，日本为代表的一些先进国家，都遵循着循环农业发展模式与宗旨（陈玺名 等，2019）。在遵循自然规律的前提下，使农业经济系统与生态经济系统的和谐共存，处理好资源、经济与环境的关系，发挥农业对降低碳排放的积极影响，为实现可持续发展的生态农业的发展而努力（李建波，2011）。

欧盟提出"长期规划 + 商业计划于模拟（BPS）"的发展模式，以达到 2050 年的低碳经济为目的，其中，2020 年 3 月 6 日，欧盟理事会向《联合国气候变化框架公约》（UNFCCC）秘书处提交了《欧盟及其成员国长期温室气体低排放发展战略》，承诺欧盟将于 2050 年前实现气候中性（净零碳排放）（俞敏 等，2020）。1999—2050 年，在超过 50 年的期间内，欧盟将把其农业中的非 CO_2 排放减半。这是一个紧迫而艰巨的计划，也是一个亟待解决的问题。近年来，BPS 项目得到了发展，其中包括注重环境保护的发展思想，所有获得资助的农户都要符合"绿化规则"及"交叉承诺"，不然将被扣减对应的补助数额。

荷兰是世界上最发达的牛奶制造业发展巨头公司。荷兰提出企业先驱发展模式，通过发展这一模式，荷兰不仅要考虑到奶牛的生产、运输和销售等诸多方面，同时还需要解决能源问题。从目前来看，他们在利用沼气发展农业方面做了很好的规划。根据计划，在 2020 年，所有乳制品都采用环保、洁净、无污染的新能源，同时确保所有的分支机构和附属农场都将采用中立的方法来制造乳制品。从总体看，荷兰践行国家低碳农业发展模式十分顺利。为了实现低碳农业发展目标不断做出努力。

比利时、荷兰等国家确立了能源多元化发展机制，并以此模式为自己的发展方向。在此过程中，以能源多渠道为基础，大力发展风能、水能等新能源。英国等国提出在未来 10 年里建立健全农业生态保障体系，从作物营养管理、病虫害防治到种植业管理，都要进行严密的监督。

加拿大政府将开发清洁传统能源与发展新型绿色生态能源技术确立为政府工作的重点。2014 年，法国出台了《有机农业发展中期计划》，该计划规定到 2020 年，低碳农业的发展占全部农业发展的 20% 左右（唐若菲，2013）。此外，美国还出台了《碳封存计划》，旨在减少农业碳排放强度、提高土壤固碳能力。

意大利提出了多色认证制度发展模式。1999 年开始对产品进行绿色认证，2006 年开始对产品进行白色认证（杜建国，2019）。1998 年意大利政府制订了能源行动计划，实现更有效、更环保的发展目标，并通过出台工业法案，来降低 CO_2 的排放量。

澳大利亚政府签署了《京都议定书》，提出了到 2050 年碳排放量至少减少 50% 的目标，这也标志着澳大利亚政府在降低能源消耗上的努力已经取得了初步成果。日本作为一个农业资源相对匮乏的国家，低碳农业是日本的立国基石。2018 年 4 月 24 日，日本提出到 2030 年可再生能源的利用比率要达到 15%（杜建国，2019），这也是实现绿色 GDP、发展低碳清洁能源所需的重要举措，低碳农业的发展不容忽视。

俄罗斯政府于 2007 年发布的《2008—2012 年农业生产、农产品市场调节、农村发展规划》中，明确了农业可持续发展、土地保护、农业生产可持续发展和自然资源保护等主要任务（朱行，2007）。2008 年，韩国出台了《国家能源基本规划》，将在 2030 年前实现全面利用新能源和清洁能源（熊兴，2017）。

当前，国际上普遍重视发展低碳农业，其目的在于通过不同的发展方式，达到降低温室气体排放、增加土壤固碳，从而使其在当前的全球气候变暖背景下，更好地满足于自身的发展需求。如何节约资源，降低污染物排放，转变农业生产模式，实现政策和技术的创新，是发展低碳农业的关键。

9.3　立法规范

自 20 世纪末以来，日本采取了一种集减排与新型能源于一体的发展方式。日本于 1992 年颁布的《新政策》和 1999 年颁布的《农业基本法》，从环境保护和农业碳减排两个方面都提出了明确的要求（张宪英，2010）。日本于 2013 年颁布了《农村地区可再生能源法》，旨在将"以绿色为导向"和"以绿色为主"两大支柱产业，大力扶持可再生能源的发展和创新利用。日本《21 世纪新农政报告》指出，应继续加大有机生物质能源的生产和发展力度，并对农村生活垃圾进行更多的灵活性回收。日本正在试验环境标识系统，并需要在产品上附加标识，以显示其所排放的 CO_2。日本把环保纳入了农业的发展中，致力于把环保和现代农业有机地融合在一起（苏晓光 等，2014），并持续地提升了农产品的储碳量，建设了环保型的新的农产品。

为了实现减排目标，欧盟采取了"以源为本"的发展方式，通过了《欧洲氮素令》，实现了减排。欧盟各国约有 40% 的国土是易受硝酸污染的区域，为了降低化肥用量，制定了《硝酸盐法令》。欧盟通过了《有机法案》，其重点是提高农用材料的应用水平，并通过了《土壤保护战略》，对欧盟区域内的农田进行了科学的卫生监督，从而保证了绿色土地的利用。最近几年，欧盟在提出节能减排的同时，还提出要构建健全的碳交易体系，将低碳农业和降低农业碳排放作为交易体系的核心内容。当前，欧洲各国在降低农业碳排放量和降低沼气排放量上均有显著进步，农民环境保护意识也逐步增强。

美国十分注重建立和健全关于发展低碳农业的法律制度，1933 年颁布了世界上最早的《国家工业复兴法》（蒋恒，2020），明确指出，在不损害生态安全的前提下，必须大力发展农业，这也是美国对耕地保护问题的首次认知。美国在 1947 年颁布的《联邦杀虫剂、杀菌剂和杀鼠剂相关法案》中，较为详细地规范了农药和化肥的使用。随后，美国又通过了《全国环境保护法》《农药法》《低碳经济法案》《有毒物质控制法》《联邦环境杀虫剂控制法》《农业调整法》等多项法律（王建刚，2011）。通过这些年来的发展，以及对低碳农业的保护，以及政府的立法，美国目前的碳排放法规已经越来越健全，除此之外，对耕地进行保护、新能源开发、碳交易等方面也都得到了一定的发展和改善。

上述法律法规的出台，都以强制法规的方式推动了低碳农业的发展，对低碳农业的发展起到了至关重要的作用。美国环境保护组织于 2007 颁布了世界范围内的农产品碳交易标准，旨在对农产品的碳汇行为进行动态监测与评估。美国还制定了旨在改善农产品质量的《农场法》《食品安全法》等法律，并制定了旨在推动低碳农业发展的有关法律，如《美国清洁能源与安全法》《低碳经济法》《农业林业低碳经济应用》（杜建国，2019）。

韩国践行减量化、资源化和再利用的新型农业发展模式，1999 年出台了《亲环境农业培育法》，建立环境友好型农业，2004 年出台了《促进环境友好型农业与农产品安全性对策》，2008 年出台了《气候变化基本对策法》等相关法案，鼓励低碳生活方式（刘星辰 等，2012）。

德国先后颁布了《联邦污染控制法》《能源法案》《循环经济法》《环境责任法》《可再生能源法》等一系列与环保和农业节能减排紧密相连的法律。在 2009 年，CO_2 捕获与封存的法律规则被颁布，通过不断地推动对工业作物的开发，为低碳农业的发展指明了方向和路径。

9.4　技术开发

英国和美国等发达国家在碳排放市场上形成了一个比较成熟的由"公司—交易所—农民"三个主体组成的、协同的、互相关联的"碳排放交易"模式。在技术层次上，打破技术壁垒，进行能源节约和固碳技术的研究。英国提出了一种名为"厌氧技术"的新概念，这种技术可以将城市中剩余的废物转化为可持续的能量，同时还可以回收沼气和其他的废气，从而降低了城市中的废物处置成本。丹麦率先利用秸秆发电，并建设了一批秸秆电站，实现了对农作物的高效利用和"降碳增效"。

美国、欧洲等多个国家和地区已经采取了标准化的技术发展模式，并与之对应地建立了自己的气候交易所。这些气候交易所都是在发展较好的核心城市区域内设立的，有着非常严格的法规和标准，各国的企业都是自愿加入，并搭建了一个与之对应的温室气体排放登记和交易平台，从而对碳排放进行了严格的控制。现在，芝加哥气候交易所拥有 200 多个会员，并在全球范围内进行了一系列的 CO_2 交易。并以此为依据，积极进行农业碳减排项目的研发，提升农业土地的固碳能力，同时也可以将多余的其他碳排放指标卖给其他企业来获得收益。

美国开展了精细耕作技术的研发工作，并在明尼苏达州的一些农庄开展了有关的试验。迄今，包括日本在内以及几个欧盟成员国，已经在发展低碳农业时加入了精确耕作技术。以澳大利亚为代表的一些发达国家，通过"定点"技术实现了作物的"定点"施肥，从而降低了肥料能耗，节约了原材料及相应的成本，同时降低了农药在农田中的含量，对于促进低碳农业发展具有重要意义。另外，有些国家实施了作物精准播种和农田精准灌溉等技术，对节能减排和减少碳排放做出了巨大贡献。

德国把"工业作物"当作一种新的发展方式，比如把它最大限度地用于取代矿物能源等。另外，德国大力发展生态农业技术，根据当地的气候条件，制定相应的种植技术，并在施肥、病虫害防治和种植技术等方面制定了严格的规范。

从技术角度看，免耕技术是目前巴西农业发展的主流方式，通过数十年来的发展和技术创新，巴西的农业发展已逐渐进入碳减排的阶段。每年庄稼收获后，剩下的稻草根系会随着长期的发酵和腐化，渗入土壤中，第二年就可以不用耕种了。该技术的开发与推广，不但有益于固碳，还可降低燃料消耗，降低土壤侵蚀，降低人力消耗。

9.5 资金支持

日本在 2005 年发布了《农业环境规范》，以"农民自愿＋政府补助＋科技进步"的发展方式，规定农民愿意从事绿色农业，就可以从政府那里得到政府的财政补助和相应的贷款。大力发展绿色农业，创建绿色农业项目，生产绿色农产品，为推动绿色农业发展提供了大量的财政援助。其后，针对农田生态脆弱区采取了通过植被来改善土壤的保护措施。为提高技术水平，2009 年制定了环境保护补助政策。在 2010 年，制定了一项旨在推动低碳行业的节能减排，并从根源上减少碳排放，提高农户的积极性。日本滋贺县通过《滋贺县环境友好农业推进条例》，向农民提供环保农产品的直接补助（金京淑，2010），推动绿色、环保和可持续发展。

美国将巨额的经费投入到了技术培训上，美国政府通过与农民签署环保合约和发放环保基金等方式，来指导农民提升自己的环保技术。在 2008 年，制定了一项保护管理方案，其中包括修建水库、种植防护林、研究和管理保护性耕作技术，以及为诸如蚯蚓等腐化性生物提供更好的生存环境的措施，都得到了足够的资助和激励。在 2011 年，他们已经投资了1200 万美元，用于十个清洁生产计划的研发。

加拿大政府每年都会投资 4 亿加元左右作为农业科研经费，并采取"投资＋收益＋财政"的政策，根据统计，这是加拿大国内生产总值的 3.4% 左右，而农业科研经费的比例超过了 2%（郭来滨，2008），大量的投资都被用在了推动绿色的农业生产方法的研发上。这对降低环境污染，降低碳排放，提高土壤固碳效率都有很大的作用。在此基础上，加拿大各级政府通过制定农业补助政策，推动环保与绿色农业技术研发，为加拿大实现低碳农业的协调发展创造了良好的条件。

早在 20 世纪 90 年代，《联合国气候变化框架公约》和《欧盟低碳农业政策》就已经明确指出了"有机碳减排"的必要性。欧盟由此采取了"有机碳减排"的发展方式。欧盟建议要构建一个农业评价与咨询体系（徐婧，2014），对农民进行有关的农业环境管理方面的培训，并且要用金融信用的支持和优惠的贷款制度来降低农民的经济压力，同时要对农民进行休耕退耕。欧盟建议将农业补贴从农业生产中分离出来，对停耕整地比例达到欧盟国家标准的农民给予较高比例的补贴。同时，欧盟建议采取"CAP"的方式，建立农业欧盟模式，并对农用地的最大畜牧量和坡耕地的耕作规范进行一套奖励和惩罚机制。欧盟从共同农业基金保障部划出大量资金，用于资助各成员国实施农业环境保护政策，并规定只要对环境友好的任何农业生产方式都可以得到补贴（王国钟，2006），从而从根本上减少了对环境的污染，缓解了农业碳排放对环境的压力（林万田，2013）。

丹麦、荷兰、瑞典等国家均对气候改变征税，并对其进行农业补助。日本、英国和德国都采取了环境税的发展方式，并制定了水污染税和噪声税等相关的税制。对于使用可再生能源和环境友好型原料的企业或个人，可以享受免税，采购节能低碳型农用机器设备，可以享受国家财政补贴和相应的减税政策。

第 10 章

西部地区农业碳减排策略

　　根据前述的研究结果可知，作物种植、牲畜养殖、农药和化肥等农业物资的使用是导致西部地区农业碳排放最主要的源头，农业生产效率因素和经济发展水平因素是决定西部地区农业碳排放的关键影响成分，农业产业结构因素和人口规模因素也较为显著地影响西部地区农业碳排放，本章从农业碳排放产生的源头和影响因素方面有针对性地对西部地区提出农业低碳发展的政策建议。此外，鉴于西部地区农业碳排放省域差异，本章还对低碳农业的省域间协调发展提出建议。

10.1　提高农业生产效率，促进农业碳减排

　　农业生产效率的提高对西部地区农业碳排放增加具有较强的抑制作用。尽管西部地区农业碳排放总体呈现下降趋势，但农业生产效率与我国中东部地区相比较，依然是有差距的。因而，我国的农业生产力具有较大的提高空间以及降低碳排放的潜力。提高农业生产效率，不是简单地实现农业机械化和规模化，还要求开辟低碳农业技术创新的新路径，可以持续地进行研发与生产，从而提高各农用物资和废弃物资源的利用效率。如对西部地区各省份土壤进行检测，充分了解到该土壤里含有什么养分以及结合其他养分输入的情况，以确定农作物对各种营养成分的需求量，再进一步对肥料施用量和肥料结构进行精确、科学的搭配，从而提升肥料的利用率。这样做可以达到降低成本以及减少农业碳排放的作用。因此，要推行测土配方、精准施肥技术。西部地区的水资源相对稀缺，原有灌溉效率低、漫灌等不经济的方法，会导致对灌溉水资源的大量浪费，所以，要对节水灌溉技术进行研究并推广，例如使用微喷灌、渠道防渗、渗灌、滴灌等模式，不但可以提升节水灌溉效率，还可以降低机械能耗，从而降低农业的碳排放量。具体做法如下：一是加大对秸秆还田技术如催腐堆肥和速腐堆肥的宣传和应用，提高秸秆还田的数量和质量。二是采用物理、化学和生物处理方法，对

牲畜排泄物进行处理，制成营养丰富的生物有机肥和复合肥，并进行还田。三是利用先进的技术，把部分农业废弃物转化为生物燃料，作为一种新的能量来源。四是利用生物技术，把秸秆等转化成工业原材料，生产食品和纸张等工业产品；将作物秸秆与家畜粪便等废物相结合，在微生物的作用下，转化为一种与牲畜粪便相似的、可作为化肥使用的材料，从而提高牲畜粪便的利用率；使用生物防治技术来代替杀虫剂，利用有害生物天敌和生物类制剂来对抗西部地区的病虫害，从而减少农药的使用，最终达到降低农业碳排放的目的。

各省份要以自己的资源禀赋为基础，对农业生产中的各种物资投入进行调整，积极发展节能减排技术，重视以碳减排潜力为基础，实现对农用物资进行合理的分配，力争达到最优的配比，提升农用生产资料的使用效率，在降低碳排放的前提下，还可以将自己的农业GDP得以提升。在有较大的农业发展潜力的地区，应加强对耕地的集约化和高能效农机的开发，以达到降低其碳排放量的目的。在提升农业资源的利用率上，首先要采取新的技术措施，指导农户合理施用化肥和有机肥；要加大有机肥料用量，因地制宜，力争早日达到"肥料零增加"的目的。其次是重复使用农膜，大力推广生物可生物降解的农膜。最后，完善灌溉技术和灌溉设备，推广应用喷灌和其他先进技术。在此基础上，加大对可生物降解、低毒性杀虫剂的研究力度，并对其进行推广与指导。

10.2　调整农业产业结构，降低农业碳排放

农业产业布局在我国的碳排放控制中发挥着重要的作用。在"国家粮食安全"的战略框架下，西部地区要以农业资源优势和区位优势为基础，以市场为主导，发展自己的优势和特色产业。一是要从以种植为主转变为以林、渔、牧、副业为主的产业布局，逐渐发展为以多种经营为主的现代化农业。例如，新型的观光农业，是将传统农业和旅游业有机地融合在一起，通过促进农、林、牧、渔各部门的全面发展，从而提升了农业生产的综合能力，同时也符合了生态经济的发展要求。二是要对每一个成员的责任进行清晰的界定。从政府的视角来看，要充分利用其自身的领导能力，在政策的指引下，将资金、人才、技术等生产要素集中到区域优势产业，并将其做大做强，将其发展成优势产区或优势产业带。要充分利用自身的社会职能，为发展特色农业做好相关的工作，如：完善农业信息体系，办好通信网站等。从农业发展的主体来说，第一，要真正改变农户的思想，建立起一种市场经济的意识。第二，要通过合理的竞争，提高农产品的品质，以促进区域内的产业结构优化。第三，要结合现实情况，科学合理地逐步调整农业产业布局。要在保证食物供给及物价基本平稳的前提下，大力发展林果、花生、棉花及油菜等经济作物的种植业，例如建立水果干燥及新鲜水果的生产型、蔬菜的生产及加工业型，扩大蔬菜的生产及加工业型，并大力发展园林绿化。要降低高能耗高投入作物种植的面积，增加高产农作物品种的种植面积；扩大优质、高产、高效作物的种植面积，实现农业生产的内部结构的优化与升级。

应根据当地实际情况，建立以低碳为导向的农业发展模式，并进行生产结构的优化调整。要在农业生产中，对各种新型农业技术和清洁环保技术的应用进行普及。在目前的生产

条件下，倡导科学降低农药、化肥农用品的投入水平，推动要素资源的合理分配。推广农业机械化，完善节水操作流程，实现污水资源化，提高各种资源的利用效率。根据各地的地理结构、生产特征、自然禀赋和技术条件，进行农业生产方式的调整，发展当地特色农业产业，建设具有高市场知名度并且具有区域特色的农业强县。拓展农业的多元化，强化与其他产业的结合，扩大农业产业链，提高农产品附加值。例如，在内蒙古和新疆，可以将本地的农业和旅游业有机地融合在一起，这样可以最大限度地发挥各种资源的作用，从而降低能源消耗。对青海、贵州等区域而言，虽然农业的碳汇总量已维持在相对低位，但是由于其自身的自然环境和农业技术的限制，其农业的发展仍处于初级阶段，农业的发展还不够快，需要加大对农业的扶持，提升农业的科技含量，推动农业的规模化发展。像重庆和陕西这样的地方，由于地理位置、农业技术和文化程度都比其他地方要好，会带来较高的作物产量，但同时，高的产量也会带来高的碳排放，使得农业生产质量并没有得到很好的提高。所以，在这两个地方的农业发展过程中，可以利用生物农药，提倡节约型施肥技术，提高农业废弃物的回收利用效率，利用沼气等洁净的资源，促进生态农业和绿色农业的发展。

通过对西部地区 12 个省份的研究发现，由牲畜消化道和排泄物产生的温室气体在整个西部地区的农业碳排放中占据很大一部分。我国牲畜养殖行业的碳源分布具有较高的集中度，在具体的碳源分布范围内进行控制能够获得较高的生态效果。西部地区要想在今后的发展中实现"双碳"的目的，必须在大力发展畜牧产业的同时控制由牲畜养殖导致的碳排放，对促进其经济社会发展极为重要。西部地区由于地形气候等特殊因素，畜牧业对西部地区的社会经济、人民生活和生态环境有着重大的影响。随着人民生活水平和生活质量的不断提高，人们对蛋白的需求量将会越来越大，而动物又是人们膳食蛋白的主要来源。大力发展低碳化和规模化的现代畜牧业产业，对于实现西部地区的"双碳"减排具有十分重大的意义。因此，在西部地区牲畜养殖业中，应加大牲畜粪便的治理力度，实现牲畜粪便的多元化利用。另外，应加大对养殖业的研究和开发力度，大力发展高品质的饲料，降低反刍家畜的消化能力。

10.3　促进西部地区省域间低碳农业的协调发展

在西部地区，农业碳排放的省份与省份之间存在着很大的差异，所以，要想形成一系列具有整体性的、针对性的低碳农业发展规划，必须在第一时间从国家的尺度上对其展开宏观调控，利用行政手段和政策的制定，将农业低碳减排、节能减排作为一项国家发展战略的重要内容，分区域、分阶段实施并推动农业碳减排，让每一个步骤都是循序渐进，环环相扣。例如，可以在学习国外农业碳减排的经验和启发的基础上，推进低碳发展重点、试点示范建设。利用典型的试点示范，对评价结果和经验进行总结，之后，再针对西部地区省份间的差异性，制定出适合各省份的碳减排战略，进而促进乡村经济发展方式的转变。其次，在乡村碳排放系统建设中，不能一味地寻求规模与深度的协作，而是要从易到难，由浅入深，循序渐进，一些发展基数大的省份，例如新疆维吾尔自治区要在这些省份率先开展低碳农业建设，以达到降低农业碳排放的目的，并与全国其他省份进行交流，促进我国乡村碳排放的发展。最后，要对各省份丰富的自然资源、人力、物力、财力等方面的优势进行整合，增加对科技的投入，研发出能够与多元化的低碳农业模式相匹配的新型节能技术，并对其进行持续的改善与完善，从而实现全省域内资源、环境与社会的协调发展。

在实施西部地区农业低碳发展战略时，必须充分考虑到其对西部地区空间溢出效应的影响。在此基础上，进一步强化西部地区各省份间农业碳排放的协作与沟通，签署地区间的相关协定，从而起到共同制约农业碳排放的作用。西部地区各省份的农业碳排放具有明显的区域相关性，且因农业生产要素在西部地区各省份内不断流动，导致了西部地区各省间的农业碳排放量互相影响。因此，在西部地区的相关决策中，不能对农业碳排放的空间效应进行忽视。要辩证地看待每个省份之间的区别与联系，以经济发展程度为基础，试图构建出区域的碳补偿和碳交易制度。这样，在经济发展程度较高的地区，就可以对经济发展程度较低的地区展开某种程度的生态补偿，从而促进区域绿色经济的协调发展。各省份之间可以利用当地政府之间的农业项目建设和合作，来强化对农业碳排放的交流。同时，还可以强化区域间的绿色经济协同发展与知识技术的交流。此外，还可以签署区域性的农业节能减排协议，并制定出一套具有法律约束效应的经济补偿办法，以此实现在特定的区域范围之内，对其进行共同的政策约束。

10.4 提高农业产业水平，发展低碳农业

在西部地区，农业经济发展水平是导致其碳排放增加的主要因素，并伴随着农业的迅速发展，其碳排放的范围也在逐步增大。但是，通过限制农业发展来实现对其碳排放有效控制的做法并不可取，其核心问题是提升其质量。要实现农业的可持续发展，必须在保持农业经济高速发展的前提下，不断提升生态环境质量的水平。培育一支既具备"低碳情感"，又具备"低碳意识"，又具备"低碳行为"的新型农户，是构建低碳农业的核心要素。一是利用悬挂横幅，印制宣传手册，举办讲座，利用电视媒体和网络，向广大农户宣传"低碳"理念，转变他们的传统思维。二是为了转变农户的粗放型生产模式，聘请专门的技术专家，对从事此项工作的人员开展关于低碳农业的技术宣传与训练。三是加强基础设施建设，加大财政补助、税收减免、信贷扶持等力度，鼓励一批有文化、有激情、有技术、有活力、有经营意识的新一代农户发展"低碳"。在良好的政策和法律环境的支持下，探索制定我国的农业污染控制法律制度，做到有法可依、有法必依。与此同时，还可以学习国外有关碳减排法律法规的先进经验，对政府、农户、企业等主体在减排中所拥有的权利与责任进行明确。在实施上述举措的同时，可以有效地缓解目前在乡村地区存在的就业岗位需要与劳动力质量之间存在的矛盾，同时也为在乡村地区，甚至是全社会提倡绿色低碳环保的观念，这可为促进农业可持续发展打下坚实的基础。四是积极推进农业的现代化，促进农业的集约发展。要将每个区域的自然优势都充分利用起来，要鼓励发展农业产业化经营组织，构建出"农户 + 合作社"的农业经营形式。要加强农业科技的创新力度，推动科技成果在农业领域中的运用。

要将生物技术、信息技术、新材料技术等方面进行有效的运用，构建出一条健全的绿色生产链，让农业生产信息化、农业经营规模化，以此来降低生产成本，提高农业集约化发展的水平。

在确保食物安全的基础上，降低传统农业和高能耗农业的比例，并适当发展休闲农业和都市农业，以提高农业的生态价值。当前，西部一些省份以小农户为主要的农业生产经营主体，体现在其耕地面积不大，且单位投资费用高，产出效率不高，难以形成规模经济，制约了农业和农村的可持续发展。通过提高集约度，从而实现了资源配置的集约和优化。目前，西部地区农业种植、养殖业结构不够科学，农产品种类较多，牲畜养殖业分散，已成为影响该区域农业总体发展的主要因素。在确保粮食安全的前提下，首先要立足于已有的农作物，依托各个省份特有的地理环境，对农业资源进行合理的调配，从而发展出一种具有当地特色的农业。而在那些已经产生了集聚效应的特定区域中，则按照市场的需要，对其进行相应的调整，使农牧产品的质量、数量、生产区域和生产模式达到最佳状态。

10.5　重点向优化功能减排转移

在我国，不能以总的农业碳排放量作为唯一的衡量指标。保障我国农产品绿色低碳发展的高质量和高效率，是当前我国农产品绿色低碳发展面临的重大课题。所以，伴随着国家金融支持以及政府各种扶持政策的出台和发布，西部地区各省份应该逐渐将自己的减排重心从降低碳排放总量转移到优化功能减排上来。第一，推动降低农业温室气体排放的科技进步。通过推行节水、节肥、种植和养殖与生态循环相结合的清洁生产技术，推进农业标准化生产，在降低农业碳排放的同时，提高农产品原产地的生态环境质量。第二，推广少耕免耕技术，提高土壤有机碳库。降低耕地面积和耕地密度，降低对耕地的物理扰动，有利于增强耕地的稳定性，增加耕地的有机质含量。第三，要加强森林资源的保护和土地的管理，提高森林的固碳能力。推动农业生产中的洁净能源和新能源的应用。例如，加强农村的风能和沼气等新能源的开发，推动农机的节约化。以此为基础，实现我国农田生态系统的可持续、高质量、高效率的目标。西部地区土地面积占全国土地总面积的 71.1%，耕地面积占全国耕地总面积的 38.0%，林地面积占全国林地总面积的 52.3%，牧草地面积占全国牧草地总面积的 97.8%（吴楚材，2001）。因此，我国西部地区碳汇潜力很大，发展林业、农业、草原、沼泽等生态系统碳汇空间很大。所以，每个区域都应该结合自己的地域特征，充分发挥其固碳潜力。例如，云南省应该积极发展森林资源，扩大森林种植范围，增加森林资源的固碳潜力。内蒙古地区依托其草地资源优势，通过开展"退耕还草"等生态恢复工程，增强草地生态系统的固碳能力。

通过对西部地区农业碳排放影响因素的研究发现，在西部地区农业碳排放中，最主要的一个影响因素就是化肥的施用量。开展合理的化肥施用，开发适合西部地区具体情况的生物技术，是实现西部地区农业碳减排、保障农业生态安全的有效途径。此外，提高农业机械化的使用率对于降低西部地区的农业碳排放具有促进作用。同时要加大对农用肥料技术、农业机械化等方面的研究，大力发展农家肥与有机肥料等。要积极培育质量高、品牌强、色彩独特的区域特色农业，经过市场筛选，将那些没有竞争优势的产品和企业剔除出去。对种植业内部的生产结构进行主动的调整，将多个产业进行融合，从而提升农产品的增值能力，提升农产品的绿色效益，促进农业的现代化发展。最后要积极发展多种生态农业，适度发展循环农业、休闲农业和城市农业等，以提高农业的经济价值；将生态农业作为基础，将休闲养生作为主要目的，构建出农牧结合、种养平衡、资源重复利用的立体循环农业，从而形成一个微型的生态循环，提升农业的碳排放效率，达到生态效益与经济效益的统一。真正做到产业兴旺，生态宜居。

10.6　积极明确各领域对农业碳减排的任务

西部地区各省之间的碳排放总量和碳排放潜力等存在较大的差别，首先，要根据实际情况，采取适当的措施，开展低碳农业试点工作，明确农业领域的碳减排任务，让农业生产达到碳减排的目的。比如：健全的绿色农产品生产体系，对新型节能农机进行补贴，建立新型种养模式。还可以选择农民专业合作社示范社等，或是组织程度较高、市场意识强的主体作为先行试点，进行经验探索。因此，要充分重视西部地区的"三农"问题，明确西部地区各省份的"三农"减排能力。其次，根据区域发展的具体情况，不断改进相关的法律和制度，从而构建出一套较为完备的农业碳减排的法律和制度，实现对农业碳减排的有效调控。在此基础上，针对我国的实际情况，制定相应的碳排放评价指标，并以此为导向，以政府的政绩评价为导向，鼓励各地政府积极参与到农业的碳减排工作中，从而推动我国的农业产业向低碳发展。必须加强对我国农村经济的支持，建立健全我国农村经济发展的风险防范体系。在维护与发展农业的各项政策中，最常见也是最常用的一项政策就是国家对农业进行财政补助。尽管近年来，随着社会主义市场经济的不断发展，对农民的补助机制和扶持手段都得到了很大的提高，但是对农民的扶持政策还不够到位。有些地方有关部门对环保问题的理解程度较低，所实施的许多支农政策只是针对目前的状况，以损害生态环境为代价，没有从长期发展的角度来进行考量。所以，今后迫切需要对支农的发展趋势进行调整，对政府的支农政策进行完善，加大对农业的基础设施的建设，加大对农业的科技研发投资，加大对绿色有机农产品的培养，完善农业的生产体制，全面提升农业科技的深度和广度，让最新的科学研究成果能够在农业中得到更好的运用。此外，与工业相比，农业更易受自然因素的干扰，未来还应该构建和健全与之对应的农业生产风险管理体系。同时，还需要对气象工作进行更深层次的改进，提高对暴雨等自然灾害的预报预警水平，尽量减少由于天气气候等因素引起的自然灾害。

通过研究发现，在差异化的区域资源禀赋、产业结构特征和市场规模约束下，西部地区各省份的减排潜力具有明显差异，并且减排潜力分布并不具有"高碳排放地区高减碳潜力"的规律特征。为此，西部地区需要构建区域减排的政策评价系统，在水平层面，根据区域碳排放强度、绿色技术能力、贸易和市场特征和能源消费结构等不同特征，对区域减排的职责进行科学划分，以达到区域"增长—民生—减排"多目标之间的协调，提高区域的财政开支结构与区域经济发展的协调程度。在垂直尺度上，一方面，给予各地依据各自的减排职责，使其在不同时段内按照各自的具体职责进行合理的碳管控目标配置；另一方面，加强对不同区域的动态追踪。此外，在现行减排政策中，如环境责任追究等，应在政府官员的环保业绩评价中加入合理的碳管控指标，并将官员晋升和责任认定与其减排行为挂钩，从而对政府官员的减排产生切实的约束和激励作用。最后，进一步提高节能减排和污染防治等重大政策之间的内涵一致性，实现节能减排和环境治理在同一区域内的协调统一，提升减排调控手段的执行效果。

10.7　积极推进农业碳减排技术

通过对农业碳排放总量的测算和农业碳排放影响因素的研究，得出了西部地区不同省份的农业碳排放差异很大的结论。在西部地区中一些有一定发展前景的省份，应当在其发展过程中起到主导和引领的作用，推动其低碳技术的应用。主要内容有：一是加强对西部地区农产品的碳排放技术的研究与交流。技术进步是确保实现碳减排目标的一个关键因素。部分省份由于缺乏与之相适应的技术手段，导致其在发展中遇到了瓶颈。农业碳减排潜力小的省份，以及农业碳排放量低的省份，要维持自己的技术领先，并与周围省份进行技术交换和技术援助，以此来推动周围省份的减排技术的进步，把自己的内在优势放大为内外优势，从而实现以点带面、多点带面的减排模式。二是在我国有一定发展前景的地区和有一定发展潜力的地区，加强相互的合作，促进减少农业排放方面的交流，加强对我国农业发展前景的研究。要实现碳减排的最大化，就必须将碳减排技术与碳减排经验相结合。农业碳排放低的省份应结合本地区的农业产业结构与发展特征，积极总结农业碳排放低的宝贵经验。被带动的省份要根据自己的资源条件和先进的经验和技术，因地制宜地做好自己的工作，保证自己的工作顺利进行。

"节能"技术的出现可以最大限度地发挥其正面效应，即从产量扩张和资源节省两个方面来降低其农业碳排放。为此，在已有"绿色信贷"等绿色研发鼓励措施的前提下，应当借鉴国际先进的做法，在部分关键产业和关键企业的研发、产品包装和制造过程等方面实行"绿色技术市场准入"制度，并在技术研发、产品包装和制造过程等方面实行"清单管理"，从而直接地对制造业中的个体生产者进行行为导向和绿色奖励。与此同时，还应该进一步提高目前的绿色金融政策的微观直达性和市场导向能力，可以考虑将目前政府绿色金融资源的企业甄别权交给社会第三方，构建企业绿色研发和绿色创新的社会评估机制，构建"政府管理、社会评估、企业申报"的合理的财政补贴机制。并将其与"负面清单"相结合，提高了政府支持资金的宏观渗透能力和实际激励效果。

同时通过开展绿色技术创新，能够显著地减少西部地区农业生产中的碳排放。因此，西部地区应该加大对农业生产中的科技投入，提高西部地区在农业生产中的碳减排能力。与农业相比，工业污染占据了更大的比例，而且相对来说，它的防治困难也比较低。现在，绿色技术的研发主要集中在了工业方面，关于农业绿色技术的研究还比较薄弱。但是，农业是世界上最主要的碳排放源之一，它所造成的碳排放量也是不可忽略的。所以，政府可以通过建立针对农业环境保护的专项资金进行补贴，并加大农业环保支出的投资力度，将资金运用到农业污染的监测、绿色农业生产技术研发和农业生态环境保护中。与此同时，在绿色技术研究的过程中，企业和研究机构也是最主要的研究对象，要对这些公司和研究机构进行农业绿色技术的研究，并利用税收减免、资金补贴以及金融帮扶等方式，来推动这些公司进行农业绿色技术的研究，从而在降低农资投入对环境的影响、促进农用机械的节能减排、推动节水灌溉技术的投入使用等多个方面，来促进农业绿色技术的创新和发展。

在农业的生产中，农户是主要的参与者，要向农户普及农业绿色环保技术，通过农机补贴、以旧换新等方式，减少高污染、高能耗的农用机械使用量，加大对绿色有机肥料农药的补贴，鼓励农户使用对环境影响较小的化学投入品。再者，在绿色农业技术创新中，通常以企业和研究单位为研究对象，但主要的技术应用对象是农户。因此，应该加强研究人员与应用人员之间的沟通和协作，以增强其技术的通用性，加速其在绿色农业中的转化和应用。可以定期组织技术人员，对农户展开技术培训、组织专题讲座等，向农户们普及先进技术的特点和应用方法，从而将技术应用的门槛降下来。与此同时，还应该向农户们讲解绿色生产技术所带来的可能的好处，以正面的方式激励农户在耕作过程中采用先进技术，从而减少农业生产活动对环境的破坏。

积极建立低碳技术创新合作平台。以节能减排和保护生态环境为目标的低碳技术创新，是促进我国绿色经济高质量发展的关键。针对这一问题，需要借鉴上海科技创新资源数据中心、长三角科技资源共享服务平台的成功经验，加强已有的低碳技术创新平台和绿色技术创新的服务能力。并在此基础上，分别开设"碳中和""碳达峰"专区，拓展到西部地区各个省份，为低碳技术研发、转化、应用、创新等多个领域，搭建低碳技术创新协作平台。在此基础上进行示范应用，为我国低碳技术创新提供新的借鉴。有关部门应该加大彼此之间的协作与沟通力度，将各地科技部门、技术应用中心、技术交易中心等组织进行整合，构建出多个低碳技术创新合作平台和技术市场联盟，从而推动低碳技术资源、人才、资本等要素的有效流转与合理分配。

10.8　树立绿色环保意识，发展低碳农业理念

为了推行低碳农业理念，要结合西部地区农户实际情况，提出西部地区农户在发展中存在的问题和解决对策。第一，要对基层农户开展关于低碳农业的科普，采取便捷、高效的宣传和奖励政策，将有关的国家政策法规进行广泛传播，引导农户形成低碳农业发展观念，增强其参与度，转变传统的能源消耗和环境污染严重的传统农业发展观念，形成"绿水青山就是金山银山"的生态观念。第二，要强化低碳农业的培育，让农民树立"绿色发展""循环农业""低碳产品"的观念，由"单纯的经济发展观念"向"经济—社会—生态协调可持续发展观念"转变，由工业经济时期的"经济效率与公平观念"转化为绿色经济时期的

"生态经济效率与公平观念"。第三，要利用电视、广播、公众号等媒体对低碳农产品进行广泛的宣传推广，为低碳农产品创造一个良好的营销环境，提高低碳农产品的市场占有率，形成"产品绿色、全民低碳"的消费氛围。

加大对农户培训和教育的力度，提升农民的综合素质。通过对有关资料的分析，可以看出，农民受过良好的文化程度对于长期的农业生产具有正面影响。西部地区各个省份应该增加对农民教育的资金投资，加强对农民现代农业知识和农业技能的培训，并激励农民提升自己的环保意识，从而培育出现代化农业发展中所需的高知识、高素质、高技能的"三高"人才。

各个区域应该着重推广绿色无公害的生态农业，加强对无公害、有机、绿色食品生产的研究，建设大规模的绿色有机食品基地，建设农牧业循环经济开发区，并构建一个将农业碳排放量纳入到度量农业经济发展水平的绿色经济核算体系，对农业碳排放量高的区域展开动态监控，坚守发展和生态两条红线，制定相应的农业污染处罚措施和责任追究制度，实现农业发展和生态保护的双赢目的。

10.9　构建农业碳减排治理机制

一是推进西部地区生态文明建设的现代化进程。在我国的农业发展中，应该发挥政府的引导作用，发挥其对我国农业发展的积极作用。制定科学、高效的环境管制措施，依据区域特点，有针对性地调整管制措施，提升区域内开展农业碳减排工作的积极性；同时，制定健全的农业碳减排管理相关的法律和制度，确保农业碳排放管理有法可依，促进农业绿色发展。与此同时，应该加强各个政府部门之间的协作，通过自然资源、水利、农业等多个政府部门的协作，确保农业治理信息的互联与交流，并对相关的环境监控系统进行健全，从农业的生产过程、污染排放以及废弃物的回收利用等多个角度对农业碳排放状况进行全方位的认识，从而可以对农业碳减排政策的实施起到积极的推动作用，提升有关政策的治理效能。

二是要加大对农业和农村的信息化力度。生态文明先行示范区的建设，可以提升其信息化程度，降低农业碳排放强度。加强信息基础设施的建设，可以提升信息化程度，促进农业科技的推广和应用。农民是农业生态文明建设的主要对象，要积极地将绿色、低碳与环保的农业生产理念传递给农民，让农民自觉地在农业生产过程中，降低生产活动对环境产生的不利影响。同时，加强农村信息化的发展，有利于推动农村高科技产业的发展和进步。由于各区域之间的农业发展水平存在差异，农村地区的交通与网络相对落后，信息相对封闭，导致农户得不到先进的农业生产技术。因此，通过对农村信息基础设施的完善，能够推动农业生产信息的流动和扩散，从而推动农户对先进的生产方式进行学习，并将其运用到农业生产过程中，从而提升农业生产的效率。

三是根据当地实际情况，研究制订适合西部地区实际情况的农业碳减排措施。在此基础上，提出"以人为本"的发展模式。进一步发展和完善西部地区的生态文明建设体系，促进西部地区生态文明建设。在生态文明先行示范区的建设目标体系中，为生态文明建设的多项指标提供了基础值与目标值，各地政府可以结合本地的地理环境、自然资源和经济发展水平，调整和完善本区域的环境保护和污染治理政策，以符合本地情形。在推进西部地区农业生态文明的实践中，应厘清各地的农业发展现状，并从种植结构、机械化程度、农用废弃物处置水平、农产品产量水平等多个角度，对各地的农业发展状况进行评价和分析。在推动农业生态文明建设的进程中，应该以不同区域和不同省份农业发展的特点为依据，对与本区域类似的先行示范区的成功经验进行总结，并根据本区域的具体状况对其进行适时的改进和更新。同时，各地方政府也可以对其进行强化与协作，促进先进技术水平在区域之间的流通。在农业生态文明建设方面已经有了一些成果的地区，可以通过派遣专家、举办专题讲座等方式，来加强与其他地区的交流与合作。此外，还可以鼓励这些地区为其他地区提供技术与资金支持和帮扶，从而减少信息障碍与信息不对称问题，降低被帮扶地区的农业碳排放，推动西部地区农业绿色低碳协调发展。

10.10 提升城镇化对农业的反哺作用

在城镇化初期，大量的耕地向城镇建设用地转化，造成耕地面积的缩减，从而造成了农业产值的降低。除此之外，因为城镇化通常与工业化过程相关联，因此，传统的工业化粗放型、高污染的发展模式会产生大量的污染物，对农业的土壤质量和灌溉水资源质量产生影响，会导致农业碳排放提高。因而，城镇化发展初期的快速推进将导致我国农业生产中的碳排放水平上升。但是从长远来看，当城镇化和工业化发展到一定程度之后，就会对农业造成反哺效应。工业水平的提升可以给农业带来先进的技术支撑，比如农用机械的更新，绿色低污染的肥料等。这样既可以保证农业产量，又可以减少对环境的污染，还可以降低农业的碳排放强度。为此，必须大力推进建设新型城镇化，增强其对农业的"反哺"作用。

一是要对区域的产业结构进行调整，因为传统的工业对环境造成了太大的不利影响，所以应该提高"高污染、高能耗、高排放"的行业的准入条件，制定出一套严格的污染处理和能源使用标准，从整个工业生产的流程中降低污染的排放，推动工业企业的转型升级和技术进步，为农业生产提供更加先进的技术和污染更轻的化学投资产品，降低农业的碳排放密度。在此基础上，通过扩大第三产业所占比重，推动第三产业的高端发展，从而增强第三产业的综合竞争力。

二是要提升土地的利用效率，对城镇建设用地的范围进行科学的规划，防止因为无序扩展而造成的对农用土地的破坏，从而提升已有建设用地的使用效率，降低土地规划对农业用地的破坏程度，保证农业生产活动的顺利进行。

三是要对城镇化的布局和形式进行调整。城镇化在跨越某个拐点之后，将会对城市的碳减排带来积极的作用，为此，我们必须对其进行调整，分类引导大、中、小城市的发展方向与建设重点，从而形成功能完善、分工协作的城镇化空间格局，提升城镇化的品质。在此基础上，要加大对城市土地利用方式的改革力度，为城市土地利用方式的改革提供科学的制度保证。

四是坚持以创新驱动和核心引领为根本的方针，努力提高旅游业对城镇化的促进能力，形成具有优势和特色的城镇化的空间格局，为人们创造一个更好的生活环境。充分发挥区域资源禀赋相对优势，加快推进城镇化进程，兼顾发展实体、数字经济，培育新兴高技术企业，推动"区块"式的工业聚集，加强城市建设，在城市建设的过程中，不断提高城市建设的整体水平，促进城市建设的现代化。

参考文献

鲍健强，苗阳，陈锋，2008. 低碳经济：人类经济发展方式的新变革 [J]. 中国工业经济 (4)：153 - 160.

庇古，2017. 福利经济学 [M]. 金镝，译. 北京：华夏出版社.

蔡兴，2010. 低碳经济背景下中国制造业主导产业选择 [J]. 系统工程，28 (12)：105 - 110.

陈娟，2016. 高效节水灌溉项目后评价技术研究 [D]. 扬州：扬州大学.

陈明华，刘华军，孙亚男，2016. 中国五大城市群金融发展的空间差异及分布动态：2003—2013 年 [J]. 数量经济技术经济研究，33 (7)：130 - 144.

陈蕊，陈显荣，金璟，2022. "双碳"目标下农业低碳化生产及其成效评价研究——以西部地区为例 [J]. 价格理论与实践 (12)：183 - 187，204.

陈世雄，罗其友，尤飞，2018. 贯彻党的十九大精神加快推进农业绿色发展 [J]. 中国农民合作社 (3)：27 - 28.

陈玺名，尚杰，2019. 国外循环农业发展模式及对我国的启示与探索 [J]. 农业与技术，39 (3)：52 - 54.

陈晓娟，2008. 循环农业发展模式研究 [D]. 福州：福建师范大学.

程碧海，2009. 湖北省协调土地利用与生态环境建设研究 [D]. 沈阳：东北大学.

程宁，2011. 福建省农业可持续发展能力评价 [J]. 台湾农业探索 (1)：55 - 58.

程叶青，王哲野，张守志，等，2013. 中国能源消费碳排放强度及其影响因素的空间计量 [J]. 地理学报 (10)：1418 - 1431.

程宇航，2011. 世界生态农业一瞥 [J]. 老区建设 (15)：55 - 57.

崔朋飞，朱先奇，李玮，2018. 中国农业碳排放的动态演进与影响因素分析 [J]. 世界农业 (4)：127 - 134.

戴毅豪，翁翎燕，张超，等，2017. 南京农田生态系统净碳汇变化及对能源碳源的补偿作用 [J]. 湖南农业科学 (11)：33 - 37.

邓楚雄，谢炳庚，吴永兴，等，2010. 上海都市农业可持续发展的定量综合评价 [J]. 自然资源学报 (9)：1577 - 1588.

邸明东，2010. P 型衬底 a-Si：H/c-Si 异质结太阳能电池背面场和界面性质数值模拟研究 [D]. 镇江：江苏大学.

丁玉梅，廖程胜，吴贤荣，等，2017. 中国农产品贸易隐含碳排放测度与时空分析 [J]. 华中农业大学学报（社会科学版）(1)：44 - 53.

董明涛，2016. 我国农业碳排放与产业结构的关联研究 [J]. 干旱区资源与环境，30 (10)：7 - 12.

杜辉，黄杰，2019. 中国农业能源效率的区域差异及动态演进 ［J］. 中国农业资源与区划，40（8）：45－54.

杜建国，2019. 大同市低碳农业发展问题研究 ［D］. 武汉：中南民族大学.

范博群，2021. 吉林省农业碳排放变化机理研究 ［D］. 长春：吉林大学.

范东寿，2022. 农业技术进步、农业结构合理化与农业碳排放强度 ［J］. 统计与决策，38（20）：154－158.

付允，马永欢，刘怡君，等，2008. 低碳经济的发展模式研究 ［J］. 中国人口·资源与环境，18（3）：14－19.

贯君，曹玉昆，朱震锋，2019. 中国林业全要素生产率空间关联网络结构及其影响因素 ［J］. 商业研究（9）：73－81.

郭来滨，2008. 加拿大农业和食品加工业的概况、发展趋势及启示 ［J］. 农场经济管理（6）：74－75.

郭清卉，李世平，南灵，2020. 社会学习、社会网络与农药减量化——来自农户微观数据的实证 ［J］. 干旱区资源与环境，34（9）：39－45.

韩岳峰，张龙，2013. 中国农业碳排放变化因素分解研究——基于能源消耗与贸易角度的 LMDI 分解法 ［J］. 当代经济研究（4）：47－52.

何艳秋，戴小文，2016. 中国农业碳排放驱动因素的时空特征研究 ［J］. 资源科学，38（9）：1780－1790.

何艳秋，陈柔，朱思宇，等，2020. 中国农业碳排放空间网络结构及区域协同减排 ［J］. 江苏农业学报，36（5）：1218－1228.

贺青，张俊飚，张虎，2023. 农业机械化对农业碳排放的影响——来自粮食主产区的实证 ［J］. 统计与决策，39（1）：88－92.

贺晓燕，2005. 山西晋中发展"四位一体"生态农业模式研究 ［D］. 咸阳：西北农林科技大学.

洪业应，2015. 西藏农业碳排放的实证研究：测算、时空分析及因素分解 ［J］. 数学的实践与认识，45（19）：65－73.

胡超，2022. 广西农业经济增长、农业产业集聚与农业碳排放关系研究 ［D］. 桂林：广西师范大学.

胡川，韦院英，胡威，2018. 农业政策、技术创新与农业碳排放的关系研究 ［J］. 农业经济问题（9）：66－75.

胡巧玲，2015. 基于生态效率的吉林省农业循环经济发展模式研究 ［D］. 长春：吉林大学.

胡婉玲，张金鑫，王红玲，2020. 中国农业碳排放特征及影响因素研究 ［J］. 统计与决策，36（5）：56－62.

胡永浩，张昆扬，胡南燕，等，2023. 中国农业碳排放测算研究综述 ［J］. 中国生态农业学报（中英文），31（2）：163－176.

黄国勤，2002. 论农业生态学及其发展趋势 ［J］. 江西农业大学学报（自然科学）（5）：656－660.

黄国勤，PATRICK E MCCULLOUGH，2013. 美国农业生态学发展综述 ［J］. 生态学报，33（18）：5449－5457.

黄伟华，祁春节，黄炎忠，等，2022. 财政支农投入提升了农业碳生产率吗？——基于种植结构与机械化水平的中介效应 ［J］. 长江流域资源与环境，31（10）：2318－2332.

黄晓慧，杨飞，陆迁，2022. 城镇化、空间溢出效应与农业碳排放——基于 2007—2019 年省级面板数据的实证分析 ［J］. 华东经济管理，36（4）：107－113.

姜静，田伟，2016. 中国农业碳排放时空特征及碳减排潜力分析 ［J］. 黑龙江畜牧兽医（4）：226－229，234.

蒋恒，2020. 行政法视野下的农村环境污染防治研究 ［D］. 成都：电子科技大学.

蒋建平，1998. 可持续发展与河南林业 ［J］. 河南林业科技（4）：2－5.

焦祥嘉，2018. 基于社会网络分析的省际碳排放空间关联及其成因研究 ［D］. 青岛：中国石油大学（华东）.

金京淑，2010. 日本推行农业环境政策的措施及启示 ［J］. 现代日本经济（5）：60－64.

久玉林，2004. 西部大开发与西部农业发展问题研究 [J]. 国土与自然资源研究（1）：13－14.

康玉泉，孙庆兰，2011. 低碳经济与我国产业结构调整研究 [J]. 价值工程，30（10）：143－144.

孔令明，2013. 泰安市农业循环经济发展模式研究 [D]. 泰安：山东农业大学.

孔潇扬，李琦，2022. 能源碳排放的空间估算研究进展 [J]. 测绘科学，47（8）：146－156，185.

旷爱萍，胡超，2021. 广西低碳农业发展质量测度及其综合评价 [J]. 生态经济，37（2）：104－110.

郎慧，肖诗顺，王艳，2019. 四川省农业碳排放与经济增长的脱钩效应分析 [J]. 山东农业大学学报（社会科学版），21（2）：69－78，158.

雷燕燕，2021. 中国旅游业碳排放效率时空演化与影响因素研究 [D]. 兰州：兰州大学.

李爱，王雅楠，李梦，等，2021. 碳排放的空间关联网络结构特征与影响因素研究：以中国三大城市群为例 [J]. 环境科学与技术，44（6）：186－193.

李波，张俊飚，李海鹏，2011. 中国农业碳排放时空特征及影响因素分解 [J]. 中国人口·资源与环境，21（8）：80－86.

李波，等，2021. 我国低碳农业发展推进机制与政策创新研究 [M]. 北京：人民出版社.

李婵娟，王子敏，2017. 中国居民信息消费的区域差距及影响因素——基于 Dagum 基尼系数分解方法与省际面板数据的实证研究 [J]. 现代经济探讨（9）：92－100.

李长生，肖向明，FROLKING S，等，2003. 中国农田的温室气体排放 [J]. 第四纪研究（5）：493－503.

李成龙，周宏，2020. 农业技术进步与碳排放强度关系——不同影响路径下的实证分析 [J]. 中国农业大学学报，25（11）：162－171.

李福洪，代富平，2011. 立体农业种植技术在小流域治理中的应用 [J]. 中国水土保持（2）：49－50.

李刚，张连合，2010. 京津冀一体化下廊坊现代农业发展模式的研究 [C] //廊坊市社会科学界联合会. 2010·中国·廊坊基于都市区辐射功能的京津廊一体化研究——同城全面对接暨京津廊经济一体化学术会议论文. 北京：中国经济出版社：319－324.

李建波，2011. 低碳农业嵌入农业转型升级探究 [J]. 学术交流（10）：123－126.

李建成，2014. 京津冀区域一体化背景下的武清区城镇化发展研究 [D]. 天津：天津大学.

李绵德，周冬梅，朱小燕，2023. 河西走廊 2000—2020 年农业碳排放时空特征及其影响因素 [J]. 农业资源与环境学报，40（4）：940－952，989.

李秋萍，李长建，肖小武，等，2015. 中国农业碳排放的空间效应研究 [J]. 干旱区资源与环境，29（4）：30－35.

李赛，2016. 河北省农业碳排放预测与减排路径设计 [D]. 石家庄：河北地质大学.

李婷，吴海波，2022. 农业生态学的发展及趋势探讨 [J]. 现代农业研究，28（10）：138－140.

李心颖，李峰，2011. 3S 技术及其一体化应用探讨 [J]. 现代计算机（专业版）（27）：50－53.

李周，于法稳，2010. 西部的资源管理与农业研究 [M]. 北京：中国社会科学出版社.

李竹，2007. 陕西省农业可持续发展能力评价与对策研究 [D]. 咸阳：西北农林科技大学.

李遵领，2022. 东北三省碳排放效率及影响因素分析 [D]. 桂林：广西师范大学.

林伯强，黄光晓，2011. 梯度发展模式下中国区域碳排放的演化趋势——基于空间分析的视角 [J]. 金融研究（12）：35－46.

林万田，2013. 低碳时期农业经济发展方式转变探析 [J]. 行政事业资产与财务（12）：8，11.

刘波，2018. 耕作措施对黑土坡耕地氮磷养分平衡的影响 [D]. 长春：吉林大学.

刘德源，2010. 沼渣沼液在双孢蘑菇生产中的应用 [J]. 北方园艺（20）：171－173.

刘华军，刘传明，陈明华，2016. 中国工业 CO_2 排放的行业间传导网络及协同减排 [J]. 中国人口·资源与环境，26（4）：90－99.

刘金丹，2022. 技术进步与效率追赶对我国农业碳排放的影响研究 ［D］. 贵阳：贵州大学.

刘利平，丰华为，杨阳，等，2012. 基于 DEA 的我国省际农业碳效率研究 ［J］. 中国集体经济（7）：92 - 93.

刘铁，王九云，2011. 发达国家战略性新兴产业的经验与启示 ［J］. 学术交流（9）：109 - 113.

刘星辰，杨振山，2012. 从传统农业到低碳农业——国外相关政策分析及启示 ［J］. 中国生态农业学报，20（6）：674 - 680.

刘忠宇，热孜燕·瓦卡斯，2021. 中国农业高质量发展的地区差异及分布动态演进 ［J］. 数量经济技术经济研究，38（6）：28 - 44.

卢东宁，张雨，雷世斌，2022. "双碳" 目标背景下陕西农业碳排放驱动因素与脱钩效应研究 ［J］. 北方园艺（20）：133 - 140.

吕新放，2014. 南方 "猪、沼、果" 生态模式在新形势下的推广应用 ［J］. 安徽农学通报，20（21）：80 - 81.

罗清文，2020. 安徽省低碳农业发展区域差异及影响因素研究 ［D］. 合肥：安徽农业大学.

罗文娟，2012. 发展生态农业的政策研究 ［D］. 长沙：湖南大学.

罗锡文，廖娟，胡炼，等，2016. 提高农业机械化水平促进农业可持续发展 ［J］. 农业工程学报，32（1）：1 - 11.

骆世明，2001. 农业生态学 ［M］. 北京：中国农业出版社.

骆世明，2009. 论生态农业模式的基本类型 ［J］. 中国生态农业学报，17（3）：405 - 409.

马歇尔，2019. 经济学原理 ［M］. 朱志泰，陈良璧，等，译. 北京：商务印书馆.

马歆，高煜昕，李俊朋，2021. 中国碳排放结构信息熵空间网络关联及影响因素研究 ［J］. 软科学，35（7）：25 - 30，37.

麦翀，2021. 重庆限养区农业科技园区循环农业评价与优化 ［D］. 重庆：西南大学.

孟祥海，程国强，张俊飚，等，2014. 中国畜牧业全生命周期温室气体排放时空特征分析 ［J］. 中国环境科学，34（8）：2167 - 2176.

闵继胜，胡浩，2012. 中国农业生产温室气体排放量的测算 ［J］. 中国人口·资源与环境，22（7）：21 - 27.

闵师界，2011. 以沼气为纽带的生态循环养殖应用技术 ［J］. 农村养殖技术（16）：11 - 12.

缪金狮，2010. 山西发展农业循环经济问题和对策研究 ［D］. 太原：山西大学.

聂常乐，姜海宁，段健，2021.21 世纪以来全球粮食贸易网络空间格局演化 ［J］. 经济地理，41（7）：119 - 127.

宁玉科，2017. 城镇化—耕地协调视角下的长寿区土地利用结构优化研究 ［D］. 重庆：西南大学.

潘家华，2010. 中国低碳转型：不仅仅是为了应对气候变化 ［J］. 中国党政干部论坛，12：30 - 31.

庞丽，2014. 我国农业碳排放的区域差异与影响因素分析 ［J］. 干旱区资源与环境，28（12）：1 - 7.

彭邦文，郑闵方，朱磊，等，2024. 中国工业碳排放网络结构演化特征与链路预测 ［J］. 中国环境科学，44（3）：1718 - 1731.

彭念一，吕忠伟，2003. 农业可持续发展与生态环境评估指标体系及测算研究 ［J］. 数量经济技术经济研究（12）：87 - 90.

戚禹林，2022. 长江经济带城市生态效率的空间关联网络与形成机制 ［D］. 兰州：兰州大学.

仇冬芳，邵华洋，胡正平，2016. 基于熵权法的农业碳减排与农村金融支持耦合研究 ［J］. 江西农业学报，28（2）：112 - 117.

尚杰，吉雪强，石锐，等，2022. 中国农业碳排放效率空间关联网络结构及驱动因素研究 ［J］. 中国生态农业学报（中英文），30（4）：543－557.

邵帅，徐俐俐，杨莉莉，2023. 千里"碳缘"一线牵：中国区域碳排放空间关联网络的结构特征与形成机制［J］. 系统工程理论与实践，43（4）：958－983.

沈亨理，1975. 论农业生态系统与用地养地［J］. 铁岭农学院学报（2）：65－74.

史常亮，郭焱，占鹏，等，2017. 中国农业能源消费碳排放驱动因素及脱钩效应［J］. 中国科技论坛（1）：136－143.

舒璜，2020. 基于 Tapio 模型的土地利用碳排放与经济发展的脱钩分析［D］. 南昌：江西财经大学.

苏晓光，尹微，2014. 英国旅游环保型创意农业研究［J］. 世界农业（3）：153－155.

苏洋，马惠兰，颜璐，2013. 新疆农地利用碳排放时空差异及驱动机理研究［J］. 干旱区地理，36（6）：1162－1169.

孙翀，李杰，贾晓洋，等，2011. 高碳能源向低碳经济转化［J］. 中小企业管理与科技（下旬刊）（3）：217－218.

唐若菲，2013. 低碳农业的国际经验研究［J］. 世界农业（1）：102－104.

田云，2015. 中国低碳农业发展：生产效率、空间差异与影响因素研究［D］. 武汉：华中农业大学.

田云，李波，张俊飚，2011. 我国农地利用碳排放的阶段特征及因素分解研究［J］. 中国地质大学学报（社会科学版），11（1）：59－63.

田云，吴海涛，2020. 产业结构视角下的中国粮食主产区农业碳排放公平性研究［J］. 农业技术经济（1）：45－55.

王才军，孙德亮，张凤太，2012. 基于农业投入的重庆农业碳排放时序特征及减排措施研究［J］. 水土保持研究，19（5）：206－209.

王国钟，2006. 设立牧业补贴促进社会主义新牧区建设［C］//中国草学会，农业部草原监理中心. 2006 中国草业发展论坛论文集.［出版者不详］：5.

王建刚，2011. 我国土壤污染防治立法现状及对策［C］//中国法学会环境资源法学研究会（China Law Society Association of Environment and Resources Law），桂林电子科技大学. 生态安全与环境风险防范法治建设——2011 年全国环境资源法学研讨会（年会）论文集（第三册）.［出版者不详］：268－271.

王劼，朱朝枝，2018. 农业碳排放的影响因素分解与脱钩效应的国际比较［J］. 统计与决策，34（11）：104－108.

王萍，2014. 试论生态农业与农业可持续发展的辩证关系［J］. 中国农业信息（1）：204.

王若梅，马海良，王锦，2019. 基于水—土要素匹配视角的农业碳排放时空分异及影响因素——以长江经济带为例［J］. 资源科学，41（8）：1450－1461.

王韶华，赵暘春，张伟，等，2022. 京津冀碳排放的影响因素分析及达峰情景预测——基于供给侧改革视角［J］. 北京理工大学学报（社会科学版），24（6）：54－66.

王新，张亚楠，葛玲，2022. 复配农药污染土壤的微生物修复研究进展［J］. 环境化学，41（10）：3244－3253.

王妍，2017. 中国农业碳排放时空特征及空间效应研究［D］. 昆明：云南财经大学.

王永明，马耀峰，王美霞，2013. 中国重点城市入境旅游空间关联网络特征及优化［J］. 人文地理，28（3）：142－147.

王昀，2008. 低碳农业经济略论［J］. 中国农业信息（8）：12－15.

王再兴，李伟，2007. 北方农村能源生态模式技术分析［J］. 现代农业科技，（24）：219，221.

卫婧，2017. 基于社会网络分析的中国产业部门碳排放关联特征研究［D］. 西安：长安大学.

温和，2011. 黑龙江省村域农业生态系统碳平衡及低碳农业对策研究［D］. 哈尔滨：东北农业大学.

文清，田云，王雅鹏，2015. 中国农业碳排放省域差异与驱动机理研究——基于 30 个省（市、区）1993—

2012 年的面板数据分析 [J]. 干旱区资源与环境, 29 (11): 1 - 6.

翁伯琦, 雷锦桂, 胡习斌, 等, 2010. 依靠科技进步发展低碳农业 [J]. 生态环境学报, 19 (6): 1495 - 1501.

吴楚材, 2001. 我国西部土地资源合理利用与生态保护问题 [J]. 科技导报, 19 (111): 55 - 58.

吴昊玥, 黄瀚蛟, 何宇, 等, 2021. 中国农业碳排放效率测度、空间溢出与影响因素 [J]. 中国生态农业学报 (中英文), 29 (10): 1762 - 1773.

吴文良, 2001. 中国生态农业的理论与实践探索 [C] //农业部科技教育司 (Department of Science, Technology, Education and Rural Environment, Ministry of Agriculture (MOA), PRC). 生态农业与可持续发展——2001 年生态农业与可持续发展国际研讨会论文集. 北京: 中国农业出版社: 43 - 46.

吴贤荣, 张俊飚, 程琳琳, 等, 2015. 中国省域农业碳减排潜力及其空间关联特征——基于空间权重矩阵的空间 Durbin 模型 [J]. 中国人口·资源与环境, 25 (6): 53 - 61.

伍国勇, 刘金丹, 陈莹, 2021. 中国农业碳排放强度空间特征及溢出效应分析 [J]. 环境科学与技术, 44 (11): 211 - 219.

武文杰, 董正斌, 张文忠, 等, 2011. 中国城市空间关联网络结构的时空演变 [J]. 地理学报, 66 (4): 435 - 445.

夏蕾, 2010. 中国循环农业发展模式与保障措施研究 [D]. 合肥: 安徽农业大学.

辛晓平, 2000. 可持续农业优化生态模式及其景观生态学途径 [D]. 北京: 中国农业科学院.

熊兴, 2017. 中美清洁能源合作研究: 动因、进程与风险 [D]. 武汉: 华中师范大学.

熊延汉, 2018. 云南省低碳农业发展水平测度及影响因素研究 [D]. 昆明: 云南财经大学.

徐婧, 2014. 我国食品安全规制问题及对策研究 [D]. 南京: 南京航空航天大学.

闫鑫, 2020. 中国低碳经济的省域演化趋势及其驱动机理研究 [D]. 北京: 中国地质大学 (北京).

严奉宪, 2001. 中西部地区农业可持续发展的经济学分析 [D]. 武汉: 华中农业大学.

颜廷武, 田云, 张俊飚, 等, 2014. 中国农业碳排放拐点变动及时空分异研究 [J]. 中国人口·资源与环境, 24 (11): 1 - 8.

杨柏, 秦广鹏, 杨红, 2023. 产业关联视角下中国碳排放核算分析 [J]. 科学学研究, 41 (10): 1800 - 1811.

杨晨, 胡珮琪, 刁贝娣, 等, 2021. 粮食主产区政策的环境绩效: 基于农业碳排放视角 [J]. 中国人口·资源与环境, 31 (12): 35 - 44.

杨桂元, 吴齐, 涂洋, 2016. 中国省际碳排放的空间关联及其影响因素研究——基于社会网络分析方法 [J]. 商业经济与管理 (4): 56 - 68, 78.

杨果, 郑强, 叶家柏, 2019. 我国农业的就业和碳排放双重效应研究 [J]. 改革 (10): 130 - 140.

杨钧, 2013. 农业技术进步对农业碳排放的影响——中国省级数据检验 [J]. 农村经济, 27 (10): 116 - 121.

杨莉莎, 朱俊鹏, 贾智杰, 2019. 中国碳减排实现的影响因素和当前挑战——基于技术进步的视角 [J]. 经济研究, 54 (11): 118 - 132.

杨舒, 2023. 中国农业以较低碳强度支撑粮食安全 [N]. 光明日报, 2023 - 04 - 02 (3).

姚成胜, 朱鹤健, 2007. 区域农业可持续发展的生态安全评价 - 以福建省为例 [J]. 自然资源学报, 22 (3): 380 - 388.

叶娟惠, 叶阿忠, 2022. 科技创新、产业结构升级与碳排放的传导效应——基于半参数空间面板 VAR 模型 [J]. 技术经济, 41 (10): 12 - 23.

叶文虎, 栾胜基, 1995. 高等院校环境专业教育的思考 [J]. 环境教育 (1): 14 - 16, 47.

殷文，史倩倩，郭瑶，等，2016. 秸秆还田、一膜两年用及间作对农田碳排放的短期效应 [J]. 中国生态农业学报，24 (6)：716-724.

俞敏，李佐军，高世楫，2020. 欧盟实施《欧洲绿色政纲》对中国的影响与应对 [J]. 中国经济报告 (3)：132-137.

曾积良，罗启，曾宪东，等，2011. 浅析沼气生态农业模式及特点 [J]. 农业工程技术（新能源产业）(9)：21-24.

曾珍，韩纪琴，吴义根，2021. 基于面板数据的 PVAR 模型分析安徽省城镇化对农业碳排放的影响 [J]. 中国农业大学学报，26 (3)：176-187.

张彪，谢紫霞，高吉喜，2021. 上海城市森林植被固碳功能及其抵消能源碳排放效果评估 [J]. 生态学报，41 (22)：8906-8920.

张二女，2017. 京津冀地区二氧化碳排放效率及总量分配研究 [D]. 北京：华北电力大学.

张广胜，王珊珊，2014. 中国农业碳排放的结构、效率及其决定机制 [J]. 农业经济问题，35 (7)：18-26，110.

张杰，陈海，刘迪，等，2022. 农户农业碳排放效率差异及多层次影响因素——以陕西省米脂县为例 [J]. 中国农业资源与区划，43 (9)：90-100.

张军伟，张锦华，吴方卫，2018. 我国粮食生产的碳排放及减排路径分析 [J]. 统计与决策，34 (14)：168-172.

张坤民，1997. 可持续发展论 [M]. 北京：中国环境科学出版社.

张坤民，潘家华，崔大鹏，2008. 低碳经济论 [M]. 北京：中国环境科学出版社.

张楠，2019. 低碳经济背景下黑龙江省制造业发展模式研究 [D]. 哈尔滨：哈尔滨工程大学.

张瑞玲，2018. 山西省农业碳排放动态变化及效率研究 [J]. 南方农村，34 (4)：53-55.

张颂心，王辉，徐如浓，2021. 科技进步、绿色全要素生产率与农业碳排放关系分析——基于泛长三角 26 个城市面板数据 [J]. 科技管理研究，41 (2)：211-218.

张宪英，2010. 我国低碳农业解读及其发展路径初探 [D]. 上海：复旦大学.

张云华，2014. 四川广元发展低碳农业的实践 [J]. 中国国情国力 (3)：25-27.

张振宇，2016. 上海农业碳排估算、结构特征及经济脱钩弹性 [J]. 上海农业学报，32 (3)：150-154.

赵梅，2016. 江西省莲花县农业可持续发展研究 [D]. 南昌：江西农业大学.

赵宇，2018. 江苏省农业碳排放动态变化影响因素分析及趋势预测 [J]. 中国农业资源与区划，39 (5)：97-102.

郑晶，2010. 低碳经济视野下的农地利用研究 [D]. 福州：福建师范大学.

中国环境与发展国际合作委员会，2008. 低碳经济的国际经验和中国实践 [R].

周彦希，2012. 中国低碳农业发展战略研究 [D]. 重庆：重庆师范大学.

周艳，邓凯东，董利锋，等，2018. 反刍家畜肠道甲烷的产生与减排技术措施 [J]. 家畜生态学报，39 (4)：6-10，54.

朱舰伟，刘卫柏，刘金丹，2023. 内蒙古自治区农业碳排放时序变化与影响因素研究 [J]. 湖南师范大学自然科学学报，46 (1)：20-28.

朱行，2007. 俄罗斯农业政策最新变化及分析 [J]. 世界农业 (12)：46-47.

朱亚红，马燕玲，陈秉谱，2014. 甘肃省农地利用碳排放测算及影响因素研究 [J]. 农业现代化研究，35 (2)：248-252.

庄贵阳，2005. 中国经济低碳发展的途径与潜力分析 [J]. 国际技术经济研究 (3)：8-12.

ANNEGRETE BRUVOLL, HEGE MEDIN, 2003. Factors behind the environmental kuznets curve [J]. Environmental and Resource Economics, 24 (1): 27 – 48.

ANSELIN L, 1988. Spatial Econometrics: Methods and Models [M]. Springer Netherlands.

APPIAH K, DU J, POKU J, 2018. Causal relationship between agricultural production and carbon dioxide emissions in selected emerging economies [J]. Environmental Science and Pollution Research, 25: 24764 – 24777.

DAI Y H, ZHOU W X, 2017. Temporal and spatial correlation patterns of air pollutants in Chinese cities [J]. PLoS ONE, 12 (8): e0182724.

FRANZLUEBBERS ALAN J, WENDROTH OLE, 2020. Focusing the future of farming on agroecology [J]. Agricultural & Environmental Letters, 5 (1): 22 – 26.

GARNIER JOSETTE, LE NOË JULIA, MARESCAUX AUDREY, et al, 2019. Long-term changes in greenhouse gas emissions from French agriculture and livestock (1852—2014): from traditional agriculture to conventional intensive systems [J]. Science of the Total Environment, 660: 1486 – 1501.

GREGORICH E G, ROCHETTE P, VANDENBYGAART A J, et al, 2005. Greenhouse gas contributions of agricultural soils and potential mitigation practices in Eastern Canada [J]. Soil & Tillage Research, 83 (1), 53 – 72.

GUAN D, REFINER D M, 2009. Emissions affected by trade among developing countries [J]. Nature, 462 (7270): 159.

GUO L, GUO S, TANG M, et al, 2022. Financial support for agriculture, chemical fertilizer use, and carbon emissions from agricultural production in China [J]. International Journal of Environmental Research and Public Health, 19 (12): 7155.

IEA, 2012. World Energy Outlook 2012 [R]. Paris: International Energy Agency.

IPCC, 2007. Intergovernmental Panel on Climate Change [R]. Switzerland: IPCC WGI Fourth Assessment Report.

JOHNSON M F, FRANZLUEBBERS A J, WEYERS S L, et al, 2007. Agricultural opportunities to mitigate greenhouse gas emissions [J]. Environmental Pollution, 150 (1): 107 – 124.

KOILAKOU E, HATZIGEORGIOU E, BITHAS K, 2023. Carbon and energy intensity of the USA and Germany. A LMDI decomposition approach and decoupling analysis [J]. Environmental Science and Pollution Research, 30 (5): 12412 – 12427.

LI H, ZHANG M, LI C, et al, 2019. Study on the spatial correlation structure and synergistic governance development of the haze emission in China [J]. Environmental Science and Pollution Research, 26: 12136 – 12149.

MACLEOD M, MORAN D, EORY V, 2010. Developing greenhouse gas marginal abatement cost curves for agriculture emissions from crops and soils in the UK [J]. Agriculture Systems (4): 198 – 209.

RONG T, ZHANG P, ZHU H, et al, 2022. Spatial correlation evolution and prediction scenario of land use carbon emissions in China [J]. Ecological Informatics, 71: 101802.

SAFA M, SAMARASINGHE S, 2012. CO_2 emissions from farm inputs "Case study of wheat production in Canterbury, New Zealand [J]. Environmental Pollution, 171: 126 – 132.

TIAN J, YANG H, XIANG P, et al, 2016. Drivers of agricultural carbon emissions in Hunan Province, China [J]. Environmental Earth Sciences, 75 (2): 121.

VLEESHOUWERS L M, VERHAGEN A, 2002. Carbon emission and sequestration by agricultural land use: a model study for Europe [J]. Global Change Biology (8): 519 – 530.

WEST T O, MARLAND G, 2002. A synthesis of carbon sequestration, carbon emissions, and net carbon flux in agriculture: comparing tillage practices in the United States [J]. Agriculture Ecosystems and Environment, 91: 217 – 232.

WEZEL A, SOLDAT V, 2009. A quantitative and qualitative historical analysis of the scientific discipline of agro-ecolog [J]. International Journal of Agricultural Sustainability, 7 (1): 3 – 18.

YADAV D, WANG J, 2017. Modelling carbon dioxide emissions from agricultural soils in Canada [J]. Environmental Pollution, 7 (66): 1040 – 1049.

ZEPP R G, 2011. Soil emissions of NO, N_2O and CO_2 from croplands in the savanna region of central Brazil [J]. Ariculture Ecosystems & Environment, 144 (1): 29 – 40.

ZHANG C, ZHAO L, ZHANG H, et al, 2022. Spatial-temporal characteristics of carbon emissions from land use change in Yellow River Delta region, China [J]. Ecological Indicators, 136: 108623.